贰阅｜阅 爱·阅 美 好
ERYUE

让阅读走心

让阅历丰盛

A Practical
Guide to
Loving
Your Life

YES
对生命说是

［澳］奥南朵◎著　　韩凝◎译

民主与建设出版社
·北京·

© 民主与建设出版社，2020

图书在版编目（CIP）数据

对生命说是 /（澳）奥南朵著；韩凝译 . -- 北京：民主与建设出版社，2020.8
ISBN 978-7-5139-3119-9

Ⅰ . ①对… Ⅱ . ①奥… ②韩… Ⅲ . ①人生哲学—通俗读物 Ⅳ . ① B821-49

中国版本图书馆 CIP 数据核字 (2020) 第 124602 号

北京市版权局著作权合同登记图字：01-2020-1178

对生命说是
DUI SHENG MING SHUO SHI

著　　者	奥南朵	
译　　者	韩　凝	
责任编辑	刘树民	
出版发行	民主与建设出版社有限责任公司	
电　　话	（010）59417747　59419778	
社　　址	北京市海淀区西三环中路10号望海楼 E 座7层	
邮　　编	100142	
印　　刷	北京晨旭印刷厂	
版　　次	2020年10月第1版	
印　　次	2020年10月第1次印刷	
开　　本	880mm×1230mm　1/32	
印　　张	7.5	
字　　数	136千字	
书　　号	ISBN 978-7-5139-3119-9	
定　　价	56.00元	

注：如有印、装质量问题，请与出版社联系。

致谢

非常感谢我亲爱的朋友马可（Marco）和欣友（Shunyo），他们认可我想做的一切；感谢切塔纳·维德哈·里奇（Chetana Videha Ricci），迈克尔·沙夫龙（Michael Shaffron），杰里米·莱尔（Jeremy Lyell），特芮卡·葛鲁宾（Tarika Glubin），史瓦吉多·利贝迈斯特（Svagito Liebermeister），玛瑞安吉拉·巴里翁（Mariangela Bario），阿比万丹（Abhivandan）和梅奥（Mayo），珊蒂帕（Sandipa）和三菩提（sambodhi）。他们各自以自己的方式帮助了这本书的诞生，感谢给予反馈和鼓励的朋友们。

感谢伊恩（Ian），娜迪亚·麦克米伦（Nadia McMillan），比库·司库波尔（Bhikkhu Schrober），万都达·帕拉迪索（Waduda Paradiso），扎林·莫迪（Zareen Mody）和罗塞拉·马奇亚诺（Rosella Macchioni），感谢你们一直陪伴着我。

同时要感谢我无与伦比的母亲和弟弟大卫，我的父亲以及兄弟约翰，感谢他们所有人共同塑造了我的童年。

感谢我的老师，他教给了我如何塑造未来（一场仍在进行中的功课）。

YES

A Practical Guide
to Loving Your Life

目 录

第 1 章 / 对自己说"是"：
改写你的人生剧本

第 *2* 章 / 对关系中的危机说"是"：
跳好亲密关系中的双人舞

第 *3* 章 / 对他人说"是"：
借着对他人的评判来了解自己

第 **4** 章 / **对情绪说"是"：**
　　　　　　压抑或宣泄情绪都是有害的

第 **5** 章 / **对习惯说"是"：**
　　　　　　打破顽固的习惯

第 *6* 章 / **对父母说"是":**
接纳父母的不完美,与父母和解

第 *7* 章 / **对状况说"是":**
为自己的选择承担责任

第 *8* 章 ／ **对改变和不安全感说"是"**

第 *9* 章 ／ **对生命说"是"**

让生命绽放

第一次来到坐落于印度的静心院，是三十多年前。直言不讳地说，那里的布道让我心存疑虑——如果你可以如其所是地接纳一切，那就不存在任何问题。

以下节选自布道者的回答，同时也构成了本书的基础：

生命本身完全没有任何问题——它是去经历、去享受的神秘之旅。

你创造了所有的问题，因为你害怕享受生命，你害怕活出生命的精彩。问题给你带来了保护——反对生命、反对喜悦、反对爱。你可以对自己说："我怎么去享受？我的生活满目疮痍。我怎么去享受？我千疮百孔。我烦恼千万，又如何去爱一个男人，爱一个女人？我闲愁万种，又怎样去跳舞，去歌唱？这不可能！"你可以找到不去歌唱、不去跳舞的理由。你的问题，给你带来了回避的机会。

深入问题去看，你将发现它们都是虚构的。

即便你真的有问题，并且切身地感到它是真实的，我会说，这是可以的。我为什么说这是可以的？因为当你真切地感受到这是可以的，它就消失了。当你对你的问题说出"这是可以的"那一瞬间，你就停止了给它能量。你接纳了它！你接纳问题的瞬间，它就不再是问题了。只有当你拒绝时，问题才会成为问题。当你说"它不应如此……"而它本然如此，问题就变得更有力量。

这就是为什么我会这样说。人们带着自己的大问题来到我身边，我说："这是可以的，这非常好，接纳它。""你需要接纳，去爱自己。"我能够理解，奥南朵说："这太疯狂了，你不停地说'这是可以的……没有问题，只需要……'！如果你再说，我会尖叫！"

你已经尖叫一生了——无论你是否尖叫，都毫无意义。到目前为止，你除了尖叫没有做过任何别的事情。有时大声嘶吼地尖叫，有时默不作声地尖叫，但是你一直在尖叫。我就是这样看待人们的——尖叫的人们。他们的心在尖叫，他们的整个存在都在尖叫。但是这毫无帮助，你可以尖叫，但是这无济于事。

试着去理解，而不是尖叫。试着去看到我在告诉你什么。我告诉你的不是理论——就是事实而已。之所以这样说是因为我了解这个方式。如果我可以做到没有问题，你为什么不可以呢？接受这个挑战。我和你一样都是平凡的人，没有任何异于常人的神奇力量。

我非常普通，如同你一样。我们之间的唯一区别就是你不能对自己说没问题，而我全然地对自己说没问题。你不断地试图改善自己，而我没有试图改善自己，我说过"不圆满就是生命的形式"。你试图成为完美的，而我接纳了自己的不完美。

所以我没有任何问题。你接纳了你的不完美，问题从哪里来呢？无论发生什么你都说"这是可以的"，问题从哪里来呢？你接纳了局限，问题从哪里来呢？问题衍生于你的不接纳。你无法接纳你现在的样子，因此问题产生了。你总是无法接纳你现在的样子，所以问题如影随形。

你是否能够想象，有一天你可以接纳，可以全然地接纳你的样子？

如果你可以，那为什么不现在就去做？为什么要等待？为了谁？为了什么？我可以接纳我自己，就在接纳的当下，所有的问题都消失不见了。就在这个当下，所有的担忧消失不见了。这并不是说我变成完美的，而是我开始享受我的不完美。没有任何人可以成为完美的——因为成为完美意味着彻底的死亡。完美是不可能的，只要生命继续，就会不断有新问题出现。

所以，唯一脱离所谓问题的方法，就是接纳生命当下所呈现的样子，活出你的生命，享受你的生命，以生命为乐。下一个片刻你将会愈发喜悦，因为它来自这个片刻；再下一个片刻你将会愈发喜悦，如此往复，你会拥有越来越多的喜悦。你喜悦，并不是来自自我改善，而是通过活在每一个当下！

"是"能够改变你的人生

"是"能够改变你的人生。

"是"改变你生活的质量。

因为对生命说"是",对生活带给你的一切说"是",就是与生命一同流动。

对生命说"不",就是想要改变现实本然的样子,那是抗争、挣扎,那就是活在地狱当中。

无比简单却又无比真实。

对于头脑而言这太简单了,头脑会说:"我的问题都太复杂了,没有这么简单的解决方法。"

然而这本书并不是给头脑的。好吧，在很多问题上，头脑都会局限于试图解释清楚问题的过程，但是从本质上来说，这本书的目的并不是给你的头脑增加"知识"。这本书是给你的存在本身的，是为了触碰你的另外一个部分，这个部分的你知道，你的生命一定还有超越头脑所能理解的范畴。

这本书是鼓励你去体验，鼓励你踏出被你的头脑局限的舒适区去冒险，去体验你内心一直怀疑的事情——你远远超越你的头脑。

这本书可以帮助你去连接、体验你生命中存在的其他维度——超越头脑的维度。

头脑和制约

我们大部分时间都活在头脑里。头脑是储存所学知识的仓库，为了分析、计算、比较，为了成为具有逻辑化、理性、有效率和聪明的人，我们需要这个部分。这是大脑当中思想的所在地，包含有意识和无意识两部分。

头脑当然非常重要。事实上，它已经重要到所有的教育都集中在发展头脑之上。它已经到了占据我们的程度——我们相信我们就是自己的思想，不是吗？

头脑也包含了我们无意识地从他人身上获取的所有信息，包含了从孩提时代就开始积累的是非观念：我们应该怎样，不应该怎样的标准。

这些无意识的想法、信念、价值观和偏见，是我们从他人身上获取的，并非来自个人体验。在本书当中被称为"制约"。

这种制约无疑是由头脑操控的，在我们毫无觉知的情况下影响了生活的方方面面。它影响了我们对生活的态度——我们看待、诠释事物的方式，我们的感受，以及我们对人、对境况的反应。科学研究表明，我们90%的行为都是被无意识操控。

我们通常不会给予太多关注——我们允许头脑自行运转，自以为我们流露出的每一个机械式的评判、反应和情绪都是我们本身，是我们的想法和经验。我们很少会停下来质疑一下，这真的是我们自己的经验，自己的真相吗？

头脑也是"小我"的居所，小我是由所有我们认为自己是谁的观念集合而成的——我们的身份、我们希望他人如何看待我们、我们呈现给这个世界的面相。

因为我们是如此认同于头脑，以至于它已经开始运转我们的人生。因此，了解头脑如何运作对我们将很有帮助。

头脑是如此卓越的工具，它善于将信息拆分，分割成碎片进行分析，将碎片进行比较、对照。好与坏、高与低、亮与暗、昼与夜……这就是头脑的天赋，它拥有分析、比较的能力。它的专长就是与客观世界周旋。

然而，生活中有如此多的主观体验的质量是基于"整体"之上的，例如听音乐、与朋友共度美好时光、做爱、身处大自然、享受一顿大餐。为了完全投身于欣赏这些片刻的美好与不可思议之中，我们需要的是通过所有感官，打开对于整体经验的接纳性。假若通过头脑机制去体验，它会将所有一切分解成碎片，我们也就错过了整体的感官之美。

例如，如果你在用餐的时候去计算面前食物的卡路里，分析蛋白质和碳水化合物是否平衡，甚至与之前一餐相比较，你怎么享受这美食呢？虽然你吃着食物，却没有临在于你的舌头与鼻子，你在你的思想里，这是全然不一样的体验。通过头脑去体验美食盛宴，就如同使用声谱分析仪来聆听音乐一般。

头脑总是干涉我们的感官体验。也许你与朋友漫步于乡间小路，谈论着其他的地方、其他的情境、其他的人……你看着大自然，然而却不能临在于你的眼睛、耳朵和鼻子。你在思想和谈论之中，所以你错过了你置身的大自然，错过了感官体验。为了头脑思想错过了奇妙无比的片刻。即便当我们独处时，我们也在思考，陷入与自己的对话之中。我们极少会全然地临在于当下，临在于感官体验，而一旦经验过，你就会知晓个中差别。

其实头脑没有能力放松于当下的喜悦里。它无法安静，它的言语将你抽离于当下的体验。甚至当我们评论着美好的事物时，我们也在将这一切美好与过往的体验比较着。因此，即便头脑对于客观事物具有价值，然而它并不是主观体验的最佳工具。所以为了活出"完整"的人生，仅有头脑是全然不够的。

体验者

大自然也赋予了我们大脑其他的维度，包含体验感受的领域。这个部分是头脑无法领会、理解（掌控）的。

相信你自身也有体会：当你在驾驶时突然遇到后方超车，你会在毫无思考空间的情况下急速调转方向或者猛踩刹车。或者当你烹饪时，热水或热油溅到脸上，你的眼睛会在头脑识别出危险之前就紧闭。所以大脑的思维与本能是分离的两个部分。

不久以前，我们以左脑和右脑来描述大脑。左脑，也被称为头脑，是智力的所在地——掌管着逻辑、推理、分析、语言、科学、计算等等。右脑兼具了我们的感官功能，是直觉的所在地——包含非逻辑的部分，自发性、创造力，以及感官体验。现在，科学家们发现大脑的不同区域在位置上并没有那么清晰的界定。

为了方便认知，本书当中涉及"头脑"时，谈论的是大脑中自动思维的部分——喋喋不休的领域。我们也可以称它为机器人，或者 MP3 播放器。涉及"体验者"时，我所谈论的是大脑当中能够觉察到身体感官体验的部分。

"体验者"的定义就是，临在于此刻、当下。不幸的是，我们极少用到这个部分，因为我们如此习惯于允许头脑的自动思维无限运转，不论我们是否真的需要它。然而如果你保持觉察，你会发现头脑总是活在过去或者未来——那不请自来的思维总是执着于已经发生的事情，或者可能会发生的一切。我们的关注力不可能同时落在过去和未来。

如果我们的关注力全然地投入当下的体验之中，它是不可能留恋过去和未来的思绪的。如果我们思考着过去或者未来，陷入头脑的自动思维当中，我们就无法体验当下的片刻。

头脑无法活在当下，除非我们刻意地运用它，让它发挥其独有功能，例如计划和分析。当我们有意识地使用头脑，我们就是在当下使用它，它就无法自行运转。你可以为了某个特定目标运用头脑去看到过去或者未来，如果你有觉知地去使用，你就是活在当下的。这与头脑漫无目的自行运转时是截然不同的感受。你会真切地感受到个中差别，例如，当你觉知到你在当下时，你的呼吸和面部表情都会更加的放松。

所以在本书中，当我谈论头脑时，我并不是指"有意识地使用头脑"。当我想表达这个含义的时候，我用的词语是

"觉察"，如"觉察你的头脑当中发生着什么"，或者"觉察你的身体内发生着什么"。

但是，正如我们深有体会的，头脑似乎还有"属于自己的头脑"。它并不受制于我们的控制，甚至可以掌控我们。它一周七天、一天二十四小时永不停息地运转着。这简直荒诞无比。当我们不需要使用双腿走路的时候，它们不会走路；当我们坐着的时候，它们不会继续迈出走路的步伐。但是当我们不需要使用头脑时，它并没有停下来——它继续自行运转着，播放着陈旧的录音和电影，以过往的经历比较、对照着所有你遇到的人，体验到的事物，或者憧憬着的未来，为明天制造着恐惧……它从不会停下来。我们甚至允许头脑成为我们的主人，即使在我们不需要的时候也支配着我们。

所以体验者是什么？它是大脑当中反应当下真实体验的部分，与头脑不同，头脑的运作依赖于来自过去、他人的观念和信息。

体验者会对当下感官和心接收到的信息给予反馈。科学研究显示，心律会根据当下体验到的感受而变化，这些信息以神经信号的方式直接传输至大脑，由大脑做出回应。

大脑接收、反馈来自感官和心的信号的部分，有别于大脑当中信息处理的部分。体验者在信号传递到心智处理中心之前即做出反应，这就是为什么在头脑搞清楚发生了什么之前，我们的"直觉"已经灵光一现了！

作为大脑当中感知的部分，体验者就是我们的创造力、欣赏美的能力、对未知的惊奇感以及自发性的中心。这就意味着它也是我们天赋恩惠以及直觉的发源地。然而这些品质对于苦苦挣扎于市场化经济的芸芸众生而言却并非至关重要。因此体验者并没有在我们的教育当中获得关注。但是这些品质对于我们的存在而言却举足轻重，它给我们的生活带来了色彩、喜悦、放松与和谐。

事实上，科学家已经发现这些品质在社会当中也是很有帮助的，不论任何领域，高 EQ 的人似乎比只具备高 IQ 的人更容易成功。EQ 是情绪智能商数的简写，它意味着更加能够觉知到自我感受，对他人的感受更具备同理心，能够平衡情绪，提高生活品质。这些都来自当下的情况，所以 EQ 本质上来说就是体验者的一个功能。

体验者因为不被过往羁绊，从不迟疑、怀疑或者比较，没有二元对立，它就是"知道"，它就是直觉。我们都有过类似体验，某个瞬间我们就是知道什么是对的。

这样的瞬间可能是你为某种突如其来的惊艳所征服——观赏美丽的日落、倾听音乐，内心无缘由地充满着无以复加的喜悦和平和。有时候是小宝宝或者小动物看你的眼神；或者是见证了大自然的奇迹——新生命的诞生、绽放的花朵、静谧的森林、海边阵阵微风；或者是大餐之后坐在你最爱的椅子上休息；又或者是激烈运动后的放松，仿佛踏入了另一重仙境——运动员们将它称为"突破极点"。

如果你再度回忆这些片刻，你会觉察到你的感受仍旧鲜活生动，同时单纯又透彻——不复杂、不混乱。这就是当时的实际状况，纯粹的清晰。同时你感觉到"对"了——没有迟疑不决、没有半信半疑。你感受到的是与世界合一，与自己合一。头脑似乎停止了，因为你完全融入当下的体验之中。那一刻，就是一切。如同时间已停摆。这意味着在这样的片刻里，你身在体验者那里，而非你的头脑当中。

如果你想想看，你会发现生命无非如此。生命就是一个接一个的片刻。过去的已经过去，未发生的还未发生。因此所有的神秘家都说，这个当下就是我们仅有的现实。投入更多的关注给体验者，就是学会活出人生，更多地回到当下，回到真实的时光。

体验者的另一个品质就是：它不会寻找错误。它不会制造问题，因为它并不比较，它就是单纯地对当下做出回应，没有任何"事情应该如何"的成见。

观念、比较、评判和偏见都属于头脑的领域。头脑的本职就是分析和比较，所以它以二元化运作，比较不同的事物。它会怀疑、迟疑、困惑、担忧、批评、抱怨、指责。如果你密切观察头脑的自行运作，会发现它总是聚焦在错误上。找到缺点，制造麻烦，这似乎就是它的天性——全年无休的麻烦制造工厂。

体验者在每一个当下都是崭新的，所以它时刻开放，去欣赏滋养的、满足的一切，看得到每个人、每个境况当中的独特和美。它无法评判，因为它不会比较——那是头脑的功能。

你能够想象更多地以体验者的角度深入生活吗？拥有那些能够全然改变你的感受、你的生活方式，以及你与他人的关系的品质。

体验者有时会被称为"心"，然而我选择不使用这个词，因为它总是被联系到情绪和情感上面，然而情绪和情感其实都是头脑取向的，因为它们都是由思绪所触发。

所以，我们拥有头脑——思考和推理的地方，收集和储存信息的地方，小我和智力的家。它以分析和比较来运作。当没有特定目的时，它就会无意识地穿梭于过去与未来。它热爱制造问题，因为无事可做时它会闷得发慌。

我们也拥有体验者，它感知、回应当下的情况，如同一切都是崭新的，它凭直觉做出回应，没有比较、分析，没有迟疑。它的运作是单纯的、自如的、轻盈的、喜悦的，当我们身处这个空间，就没有了时间的概念，因为这个空间仅存于当下。

大自然赋予我们两者，因为我们同时需要这两者帮助我们活出本应属于我们的满足、圆熟的一生。然而，也许是因为我们太熟悉使用头脑，活在头脑当中了，我们似乎总会觉得怅然若失，觉得生命好像缺失了什么。

我们的存在还有其他的维度，超越头脑和体验者。这关乎奥秘的灵性意识，这一部分让我们体验到，我们是那浩瀚海洋的一部分，我们不是分离的个体、不是彼此孤立的。我们每个人都是整体创造里的不同表达形式。

本书中的建议是通过发展内在的体验者来帮助你获得平衡。如果你感兴趣，它们最终将带你走向深远，走向超越。

忠告

尝试新观念，头脑将会不舒服。正如我们之前所说，它习惯掌控，根据已积累的观点和信念运转你的人生。这里建议的一些练习会将你带入超越头脑的空间，会质疑头脑坚信的信念和态度。

你要觉知到头脑会继续尝试、继续干涉。尽管你有意愿去尝试这些建议，你也可能会发现头脑浮现这样的想法："太蠢了。这解决不了我的大问题。"或者："我现在没时间做这些，有更重要的事情等我去做——找时间再做吧。"

当你觉察到这些时，感谢你的头脑（毕竟它只是在保护你不要踏入它不了解的领域），告诉头脑它现在可以歇一会儿，你会回来找它的。这可以帮助你成为头脑的主人。头脑是个绝妙的仆人，但是我们也知道它是个很糟糕的主人，它永不停息地运转着，告诉你该如何生活，从不给你任何空间让你单纯地活着。

而且，你的头脑将会因为你去探索体验者而得到休息，它会变得更加明朗、犀利。你不会有任何损失。

这取决于你，你可以继续只凭借头脑生活，舒适但受到限制，如同在世间梦游一般。或者，你可以冒险踏出头脑的舒适区，花一些时间探索你的体验者。摆脱头脑的限制需要付出努力，但是这会谱写出属于你的生命之舞。

YES

A Practical Guide
to Loving Your Life

第 *1* 章

对自己说"是"：
改写你的人生剧本

这是最难的一个"是"了。

难道不奇怪吗？我们对自己的评判，远远严苛于任何人对我们的评判。

我们都试图成为完美的，至少要比现在的自己更好。因为没有达到自己的标准，我们在有意识层面和无意识层面都谴责自己。面对现实吧——我们是永远无法企及自我设定的无意识标准的。它们是如此高不可及，不是吗？

我们为什么无法如我所是地接纳自己呢？为什么我们总想要变得不同，成为其他人呢？

存在中的万物都是独一无二的——一花一草，一枝一叶，每一个指纹，每一双眼睛。这不是新时代哲学，而是科学现实。

你是否留意过，存在中的万物都是独一无二的，包括你在内？从未有过任何一个人跟你完全一模一样，也不可能再出现一个你。存在等了你数百万年——你是举世无双、绝无仅有的杰作。

这难道不令人惊叹吗？

也许存在需要你，需要如你所是的你，它创造出的那个你，不然它也无须费尽心力将你创造出来。

所以，为什么你要对存在说"不"呢？

你不喜欢的任何一个地方，不论是身体层面、情绪层面，抑或是能量层面——当你赤裸地面对镜子时内心的评语——你对自己所有的评判都是在对存在说"不"。"不，你犯了一个错误。"

然而，一切已定，无法退回。

所以我们可以做的就是，要么如我所是地接纳自己，享受那独一无二的自己，要么抱怨、痛苦、千方百计地试图成为其他人——然而这是不可能成功的，因为我们不可能成为除了自己以外的任何人。所以我们沉迷痛苦，然而这些痛苦其实都是我们亲手制造的。

为什么我们不能如我所是地接纳自己

为什么我们总是试着变得不同？

首先，从童年开始我们已经被制约，我们相信如我所是的样子是不好的。我们学到，我们需要更加努力，成为更好的，才能收获肯定、接纳和爱。为了让孩子可以遵守秩序，孩子对于爱和接纳的基本需求被社会（父母、老师、政客以及牧师）剥夺。孩子们被操控，顺从于他人的既得利益。

这听起来阴险吗？想想看，如果我们喜欢自己本身的样子，我们就不会为了政客驰骋沙场了吧？如果我们对自己的一切满足，我们就不会背负压力去迎合他人的期望了，对吧？

如果我们如我所是地接纳自己，接纳自己的缺点和一切，我们就不会供养牧师来赦免我们沉迷天性欲望的罪恶，不需要他们来拯救我们的灵魂。我们也不会遵守那些对我们而言完全不合理的规则和制约。

如果我们如我所是地尊重自己，我们不会为了获得认可和接纳而受尽奴役。我们也不会忍耐来自任何人的羞辱和不公。

古往今来，既得利益者确保我们不接纳自己，让我们活在被他人评判的恐惧当中，尤其是恐惧自己不够好。这些恐惧将我们牢牢锁在压力之中，迫使自己融入他人的既定计划，才能终被接纳。

这种制约一代代传承下来。随着时代更替、习俗演变，它看起来略有不同，但是根深蒂固的信息和精髓却始终如一：如你所是的样子是不好的。

如我所是的样子是不被接纳的，如此理念早在人生初期就已被学会，当我们还太过年幼，无法说出"不，这不是真的"时，当我们还过于稚嫩，无法理解究竟发生了什么时，就已被接受。

科学家表明，人生的前六年，我们都是依赖 δ（delta）脑波（无意识），以及 θ（theta）脑波（想象力）运作，这意味着我们无法运用有意识创造力思维的 α 脑波，它在十二岁才会开始起作用。在人生的最初几年，我们并不会为自己思考，我们通过观察他人而学习，尤其是观察父母而学习其行为模式及对人生的回应态度。与此同时，我们也在同样的人身上，无意识地下载关于自己的信念，获取自我身份认知。

正因为我们获取这些观念的年纪太小，它们就直接深埋于无意识当中成为一系列基础信念。这就是为什么耶稣基督曾说："让我抚养一个孩子直到六岁，他会一辈子效忠于教堂。"

很多事情我们已经无法记起，因为发生的时间太过久远。也许一开始的感受是源于妈妈没有时间陪我。她说她爱我，但是当我需要她的时候她并不在。也许她对我失去了耐心。或者她有时需要出门，就把我留给了其他人。也许爸爸的工作或者健康出现了问题，所以不能常常陪我玩。也许我们的父母自幼就没有得到过爱，所以他们无从知晓如何爱我们。也许父母压力太大总是对我吼叫，告诉我"不""不要这样"。之后也许老师说我不如别人聪明，宗教领袖教诲我们身负原罪，政客和强权权威告诉我们社会的期待。

各种各样的状况也许与我们无关，但是造成的结果就是，幼年时期我们就学到了一个信息——如我所是的样子是不值得被爱的。我们捕捉到了这样的观念——我们是不对的。我们开始相信自己得变得不一样，才能得到妈妈的爱或者爸爸的尊重，才能为我们赖以生存的社会所接纳。

这些无意识的信念来自那些比我们年长的人，对我们而言他们无异于上帝一般，因为我们的生存依赖他们，所以我们从未有机会去质疑。我们就是视为真理一般地接受了这些信念，让它们成为我们身份的一部分。

因为我们相信我们就是人们所说的那样，于是我们的生活也照本宣科地开始了。我们通过这些"信念的眼睛"去看待所有发生在我们身上的事情、说给我们的话语，如同戴着有色眼镜生活一般。我们甚至会通过对所有境况的反应来证明这些信念的真实性。

内在制约如何运作

制约的过程是这样的：一旦我们学习到了这些观念，就将其视作自己的，它们开始影响我们所有的行为，尤其是我们的反应。

举个例子。小的时候你可能学到了这样的观念：你很笨，或者你没有其他人聪明。也许爸爸因某事沮丧时吼叫着对你这样说过；也许不论你做什么妈妈都会纠正你；或者你的兄弟（姐妹）总是比你敏捷，得到的赞扬比你多。有很多种可能性会让你学到这样的观点，尽管没有人有意为之。

因为你那时太过年幼，你相信这一切一定是真的，你一定是笨的，或者你没有其他人有价值。这些想法深深地埋入了你的无意识当中，继续影响着你的行为。

在有意识层面，你可能认为你是足够好的，但是有意识头脑并不了解你所学习到的无意识程序。95%的时间里都是无意识在操控着你。

认知神经科学家表示，我们的认知行为中，最多只有5%，有的人甚至只有1%是来自有意识部分。所以我们大部分的决策、行为、情绪都是来自无意识头脑当中的程序。

因此我们的生命不断反映出我们被赋予的程序。这是因为无意识的职责就是根据自身程序创造现实，也就是不断证明自身程序的真实性。如果你的无意识相信你是愚蠢的或不值得的，那么你就会如同机器人一样自发地表现出愚蠢和你是不值得的，并通过自身显化的状况继续证明自身程序的真实性。这个观念或想法，给你制造了紧张感，阻止你相信你本身具有的智慧，阻止你信任自己。它让你迟疑不决，甚至充满恐惧。这一切让你看起来愚蠢，或者切身地感受到"你是愚蠢的"。

这个过程中的另一个元素就是孩子对父母巨大的忠诚，因为孩子依赖父母生存。所以如果你从父母身上学到了这个观念，即便他们并非有意，你也别无选择地必须表现出愚蠢，因为如果你不照做，便是对父母的不忠诚。这是孩子在心理层面无法做到的。

假如我们不爱自己，我们也不容许别人爱我们

举个例子。如果我相信我是不值得被爱的，不论是在有意识层面还是无意识层面，那么同时出现两个潜在伴侣，一个全然奉献自己，发誓会爱我到天荒地老，另一个我总是无法信任他是否真的爱我，似乎他仍旧招蜂引蝶，我会选哪个呢？当然，我会选择后者（相信我！这是我的亲身经历）。

如果我们不爱自己的话，我们是没有办法允许他人真心爱我们的。我们会怀疑他人，担心如果与他人离得太近，将会发现那些我们自己都无法接受的部分。我们允许他人靠近到一定程度，但是不可以再近。我们创造出自己被拒绝的情况，或者我们将事件诠释成自己被拒绝了，或者我们凭空想象自己被拒绝了。这就能够印证我们内心一直怀疑的——我们是不被

爱的。

事实就是，我们携带进深层无意识的这一切，影响着我们的行为，并通过我们自己对他人、对情况的反应不断证明其真实性。即便我们对自己在做什么毫无觉知，这些隐藏的动态模式也一直运作于无意识当中。

如果我们拒绝自己，我们又怎能信任接受我们的人呢？我们的内在总会有一个小声音在说："他怎么可能会爱我？"我们并不相信。在丧失信任的情况下，我们会拥有什么样的爱呢？

如果我们在内心深处相信自己是不被爱的，我们不仅会选择一个不爱自己的伴侣，而且也没有能力全然地去爱别人。如果我们不爱自己，我们又如何爱别人呢？那个人也是肉眼凡胎，那个人也是不完美的。如果我们认为，我们可以在拒绝自己缺陷的同时包容他人缺陷地接纳对方，这不过是欺骗自己罢了。

我们总是在意他人的评判

我们总是在意他人对我们的想法，永远防备着。我们总是无意识地害怕他人会看到我们的缺陷，怀疑他们会看到我们最坏的一面。如果有九个人称赞我们特别好，突然出现第十个人说了一些负面的评论，哪一方会影响我们更多？没错，就是负面评论的那一方。

这难道不奇怪吗？其实很正常。因为负面评语触碰到了那个过往的童年信念，那个有意识层面甚至毫无觉知的信念——如我所是的样子不够好。如果无意识当中没有这样的信念，我们不会被他人所谓的言下之意影响。我们只会告诉自己"这不是真的"，或者"那是他们的问题"，或者"这表达的是他们的内在，不是关于我的"。

但是我们不会这样说，不是吗？我们立即就为负面评论所刺伤。下次再遇到这样的情况，留意一下你的能量是如何立即被削弱的。

正因为这些童年信念，我们无法安然地做自己，我们无法安心地面对自我感知、面对我们究竟是谁。我们无时无刻不是通过他人的眼睛来看待自己——他们接纳我吗？我足够好吗？我给他们留下好印象了吗？

我们总是无意识地试着被接纳、被爱。这让我们依赖他人。当我们唯有依赖他人才能建立自己的形象的时候，我们就被操控了。

我们试着去取悦他人，为了获得他人的接纳、尊重、欣赏，我们会做一些并非出自本意的事情。我们成了乞丐一般，失去了正直、尊严，失去了自尊。

你不妨真的想想看，他人的想法重要吗？你是存在所创造的完美的、独一无二的个体，这难道还不够吗？

想象一下，如果你全然地接纳、爱、尊重如你所是的你（无须变得完美，无须成为"更好的人"），会有任何事情成为问题吗？

这是非常基础的议题。它或多或少地影响着所有的人。我们企图从他人身上获取爱和尊重。有些人将脆弱完好地掩盖在美好的个人形象之下，然而一旦遭遇飞短流长，内在的不

安全感就会袭来，美好的形象即刻崩塌，脆弱和渴求皆无所
遁形。

这可能会发生在挚爱的人离世或离你而去的时候；也可
能会发生在你错失升职或失去工作的时候；还可能会发生在你
重病卧床或身有残疾的时候；又或是你没有进入邀请名单或被
批评的时候；也许会发生在某些情境之下，你对性感到不安的
时候；抑或是你的伴侣在派对上八面玲珑，却没有关注你的时
候；还有可能是你心爱的人忽视你的时候。

看看你是否能够在下一次能量被削弱、不安全感和脆弱
袭来的那一刻就捕捉到，你在心里对自己说了些什么。什么样
的无意识广播又在你的内在重演——一定会是评判性的，也许
是"算了吧，你没有别人那么好"。

如何停下内在的谴责之声

　　每当你觉察到脑袋里出现了评判、指责的声音时（它们一直在，只是我们不习惯去关注它们），对自己说："停！这是童年的旧电影而已，与我当下的现实无关。"因为这是真相。

　　你在童年捕捉到的批评之声，贯穿了你的一生，使你不断地重复着这一切。你认为这是你的声音，是你所观察到的结果，但是如果你密切地去关注，你会认出这其实是爸爸或者妈妈的声音，或者任何一个在童年对你有影响力的人。也许他们并没有一字不差地说出你现在心里的这些话，也许他们完全没有对你说过任何类似的话，但是你被对待的方式，让你相信这些信息是真的。

理解了这一点，你就可以充满爱地提醒自己："如我所是的样子，很好。我已足够好了，因为我都被邀请来到这个世界了，我还需要他人的许可吗？"试试看，这样说时会发生什么。

这个"停"的技巧，可以帮助你从过往的无意识观念当中跳出来，进入当下。这是脱离过往的信息，解离过往程序的方式。在这个当下，你可以认真地审视，它们是否真的合理？是否是真实的？与你现今的生活真的相关吗？你甚至能够寻找到自己身上的成就和正向的部分，去关注它们，而不是不断地鞭笞自己。

我们都太懂得折磨自己了，这对我们来说太容易了。我们不懂得释放，觉得这太困难了。难以执行的原因在于我们相信这些信息都是真实的，不仅仅是观念而已。但是你觉得这些认为自己不够好的观念是你与生俱来的吗？你觉得你从妈妈肚子里出来的那一瞬间就会说"哦，我的天呐，我就是个错误，我是不对的，我不够好，我需要变得不一样别人才能爱我、尊重我"吗？

当然不是这样。这些是你出生之后学习到的观念，不是你固有的真相。这被称为"制约"——社会赋予你的无意识程序。

你不是你认为的那个你

为了更好地理解，让我们想象一下，A 家庭和 B 家庭，他们在同一天都诞下一子，而且在同一家医院。然而过失导致孩子被抱错。B 家的孩子被带去了 A 家庭，长大成人，全然地相信自己是 A 家庭的。所有对于自我的观念，自己该做什么，别人该做什么，外界是什么样的，所有的好恶，都是 A 家庭式的。

这是他的身份，至死不渝相信的身份。然而这不是他的身份，他并不是出生于 A 家庭。

出生于 A 家庭，长于 B 家庭的孩子也是一样。

这个虚构的例子可以让我们更好地理解，这两个男孩所有的信念，对于自我的观念，都是外界赋予的，不是他们与生俱来的。你也是如此。

对于身份的观念，你所认为的你，你认为你应该怎么做的想法，你觉得如你所是的样子不够好的观念，都是外界加在你身上的。它们不是你与生俱来的，这是个好消息，因为这意味着你也可以放下它们。

当你觉知到当下的自己，脱离过往程序的身份认同时，它们就被放下了。如果我们可以清晰地去看，不带评判或者合理化地去看，那么觉知本身就已足够——因此你可能会听说过，觉知如利剑。

面对这一切，质疑你的身份，拿出决绝的勇气。因为你的身份是你的"舒适区"，是你所了解的，是你的常驻地。也许你并不快乐，却很安全——因为你了解它。

想要踏出安全的"舒适区"是非常困难的，除非我们真的对自己的生活方式忍无可忍。因为踏出舒适区是令人害怕的，就如同一脚迈入未知一般。

在舒适区里，我们已经知道对人、对事、对物该做出怎样的反应，已经知道我们会有什么样的感受。我们了解哪里力所能及，哪里力不能支。我们有无数合理的借口为自己开脱——为什么我没有最大化地绽放生活的精彩，为什么无法上天揽月，为什么命运多舛。

如果我们放弃了舒适区，如果我们跳脱关于自我的观念，这一切就都没有了。但是我们同时也丢掉了限制，丢掉了让我们停滞不前的枷锁，就是这些枷锁将我们捆在不满足的人生当中苦苦挣扎。

如果你准备好了，如果你已经受够了现在的生活方式，你现在就可以开始。你只需质疑你对自己的所有信念——这是真的吗，或者只是你不断助长的无意识观念而已，你甚至毫不关心生活中完全有悖于这些观念的事情。

你的头脑会说："我对自己的这些评判都是真的，都是事实。"

有情绪加持的事实即成为评判

事实和评判的区别在于是否有情绪加持。

举个例子。岁月也许开始在我脸上留下痕迹。如果我对此是接受的，这就是一个事实而已，对于一个毫不介怀自己皮肤老去的人来说这就是一个平静的事实。它并没有困扰我，对我来说不是一个"问题"。所以我可以自如地享受、尊重我现在的年纪。

如果我对此是不接受的，评判就出现了。当我谈论这个问题的时候就会出现言下之意，暗示我应该看起来年轻一些才对。这样的情况就是一个制约——你有一个观念，觉得现在你的样子是不好的。自然地做自己是不可以的。

评判会给我们施加压力，让我们感到不舒服。评判就是与自己抗争，否认我们当下的实相。在抗争中，一切都是劳而无功的。就如同左右手互搏，如此抗争，没有赢家。

相反，如果你接受了年华老去的事实，同样也就接受了岁月的恩典和尊严。如果你如你所是地尊重自己，这就赋予了你权威感，同样能够允许他人接纳你、尊重你。

这并不意味着你不需要打理自己的外貌，注意仪表是自我尊重的一部分。而是说，不要试图佯装你仍旧可以与你的孩子一样穿衣打扮，试图呈现出孩子兄弟姐妹的样子，而不是父母应有的样子。你认为孩子会怎么想？孩子能够自由地结交同龄的朋友，同时拥有支持他们且可以依靠和信赖的父母，对他们来说，难道不是更好吗？

"珠圆玉润"还是"大腹便便"

你可能是超重的。你可以选择回避事实，继续大快朵颐直到达到身体极限。或者你可以接纳超重的事实，不带任何评判，接纳这是你自己亲手创造出来的。如果你能够认可，就会增加对整个状况的理解。

从承认自己的现实着手："我超重，这就是我目前的情况。"你可以不带评判地表达——不认为这是错的，就是单纯地承认这个情况。

如果没有自我谴责，那么你面对这种情况的时候就可以多一些理智，少一些情绪化。很明显，狼吞虎咽地填满肚子一定有无意识的理由，因为你必然不是有意识去做的，不是吗？

也许它（过度进食）在保护你不用感受内在的空虚，填补内在的空洞。也许它是你的借口，让你可以不去冒险，不去面对人生。也许它保护着你免受拒绝——毕竟，没有人喜欢超重的胖人，不是吗？也许它是你回避感受不舒服的恐惧和受伤情绪的保护伞。又或者这样让你感到与众不同，能博取关注和同情。

这些都是无意识的，所以它们无须谴责，只需要被看到、被理解。

看看过度进食背后的无意识原因，你就有机会去了解它在保护你免受什么伤害——关乎于你的过往，很显然与当下的现实已毫无关系。

例如，也许当下的某些状况，触发了儿时那些使你力不从心、万般无奈的伤口。这种感受很痛苦，它触碰到了你内在的空洞，儿时的权威给你灌输了你不够好的观念，掏空了你的自尊。所以你依靠食物安抚，可能是高糖分食品或者巧克力，也许你酗酒、依赖药物去填满这个空洞。过度进食就是为了保护你免受那些深深的无力感引发的恐惧、伤痛和耻辱。

如果你准备好了认可这一切，去看到究竟发生了什么，你会发现这些其实都是孩子的恐惧和伤痛，并非成年人的——它们都是你孩提时代熟悉的感受。

决绝而真实地面对，你就能够看到你其实有选择。你可以选择一如既往地保护自己，但是对自己的行为保持有意识的觉知。这意味着，你认可内在有一些不舒服的感受被搅动，或者空洞被撬开，但是现在去面对它们太过痛苦，所以你要继续选择用外物来安抚它们。

舒缓自我并不仅局限于食物、酒精和药物，还有性、囤积财富、权力角逐、凌驾于众人之上。

承担责任意味着，对自己的行为保持觉知，对背后的原因保持觉知，不带任何评判。要记得，你的行为都源于正当的无意识原因。这意味着你现在是有意识地选择，让孩童空间继续在你的内在，运转你的人生。当你带有这般觉知时，你会发现继续保持过去的自我保护习惯很困难，它开始自行转变——但是这需要你亲自去尝试，才能发现究竟会发生什么。

另一个选择，就是你也许已经足够成熟到可以放下这些保护了。你已经准备好去冒险尝试，放下这些自我安抚的习惯。如果你不选择用外物填满自己，什么样的恐惧或者不舒服的感受会蹿上心头？

这需要勇气和力量，因为这些过去的习惯稳固地扎根于你的舒适区当中，打破一切，带来的自然就是不舒适。

然而，如果你准备好了，以下就是你可以尝试的方式。

重写你的自我评判

选出你最为钟爱的自我评判，并简化为精练的自我信念。例如，我没有价值，我不值得快乐，我是个失败者，我是不被爱的，我是不圆满的，等等。

仔细斟酌，回看你的人生，留意所有能够驳斥以上观点的事情。列出你的所有成就、所有对你表达过爱的人、所有你接收到的邀请、所有对你满意的人、你感受到的快乐，等等。慢下来，细细体会，全身心地聚焦于寻找你经历过的所有正向体验，回溯到记忆的尽头。

你的头脑会开始争论这些都是无意义的事情。它会说"但是……"，它想要继续沉迷于"可怜的我"的剧情当中。你要觉知你的头脑，它不想放下这些自我信念。你要认可它的

存在，对自己说"这是头脑"，然后继续埋首你的清单，持续
聚焦于正向的论点，以全新的视角回看你的人生，如同你在浏
览他人的生平一般。

用心去看，并具象化。有多少人对你说过他们爱你？多
于一个？多于两个？无须理会头脑的评论："这些都不算数，
因为你又不相信他们。"你要开放地、真诚地去看。你是否被
录取而获得过工作？这就意味着有人曾认为你是足够好的！你
是否开怀大笑过？是否通过一个考试？是否考取了驾驶执照？
哪些事情能够证明你是有能力的？人们因为什么而欣赏你？

这并不是要证明这些正向体验才是真实的，只是让你认
清你所抱持的信念并非百分之百真实。它们不是板上钉钉的金
科玉律。所以也许它们仅仅是你携带了很久的过去的观念而
已，你从未质疑过罢了。

这也不是"正向思考"。这不是让你看着镜子对自己说
"我很有能力"。这只是关乎改变深埋于无意识当中的信念，
通过将它们带入有意识当中，检测其真实性。

这是整个过程很重要的一部分，值得付出时间和努力。
因为在内心深处，你仍旧执着于"我不是圆满的"。猜猜看，
如果你假装这个信念不存在会发生什么？你又会再一次通过自
己无意识的行为证明这个信念的真实性。

当你发现这个信念并不是百分百真实时，回想某个你坚

定地认可这个信念的时刻。闭上眼睛，回忆你当时在哪里，发生着什么，还有谁在场，等等。当你回想的时候，仿佛回到了当时的情境之中。觉察你在这样的情境之下，当你坚信这个信念的时候，你的感受是怎样的。觉察这如何影响你的能量，如何影响你的身体姿态、你的态度。真真切切地去感受，它对你做了什么。

仍旧回想自己身处当时的情境之中，觉察你是如何投射自己的想法的——它让你有怎样的行为，脱口而出了什么，钳口结舌了什么。你说话的方式是怎样的。觉察这一切如何影响你对待他人的态度。

再回忆一下其他你坚信此信念的时刻。你能够看到自己是如何通过自己的行为证明这个信念的真实性了吗？能够看到其实是你在强化着这个信念的吗？花些时间在这里，认真地去观察。

这会给你带来更多的理解，你的信念是多么强烈地影响到你的感受和行为的，是如何一直运转你的人生直到现在的，是如何限制你去做你想做的事情的。

如果你不想余生都如此，就运用你的想象力，想象自己不带有这些信念。在你的想象当中，你回到同样的情况当中，面对着同样的人，但是不带有这些负面的自我信念。觉察你的身体感受，你的态度会是怎样的，你会如何做事，你如何与他人沟通，甚至你的姿势会是怎样的。

如果你喜欢这种全新的感受，不妨在真实生活当中试试看。

运用你的想象力——这是无比强大的工具。能量追随想象力而来。例如，哈佛医学院曾做过一个实验，科学家发现，想象自己在弹奏钢琴曲的学生，脑中管控手指活动的区域也会被激活，如同那些真实弹奏钢琴曲的学生一样。所以想象一些符合实际的事情，能够给我们的大脑回路带来真实的影响。

毕竟，终其一生，你一直抱持着这些信念，然而它们仅仅是头脑当中的观念而已。它们并非百分百真实，不是吗？所以运用你的想象力，看到你放下了它们，就像真实发生了一般——你是如此纯然天成、泰然自若——你与生俱来的样子，接收到这些信念之前的你。

与此同时，聚焦于生命当中那些对的事情，而不是执迷于错误。

如果你发现自己没有办法看到自己放下这些负面的信念，那就对自己说："我还没有准备好放下这些信念。我想要保留这些观念，因为它们是我身份的一部分，想到自己放下它们我会害怕。"你承担起这份责任，你的内在会衍生出放松——你内心深处"你应该怎样"的抗争就会停息。

是的，放下过往的自我信念是令人恐惧的——它们是我们的身份，我们的舒适区。但是这个身份真的值得你折磨自己、经历苦难来换取吗？

这是你的人生，如果你准备好带着充满觉知的真实之眼去看待各种情况，就可以拥有选择。如果这些信念继续留存于你的无意识当中未被检测，你就会毫无选择——它们会继续运转你的人生。

问问自己，继续抱持着这些阻碍你拥有所有心之所想的信念过完一生，是种什么样的感受呢？

Y E S

A Practical Guide
to Loving Your Life

第 *2* 章

对关系中的危机说"是"：
跳好亲密关系中的双人舞

关系中的危机是什么？

它是你得不到你想要的。

在所有我们苦苦挣扎、抗争不已的表面议题之下，底线是我们在那个时刻感觉到不被爱、不被欣赏，或者不被接纳。

想想看，如果你在那个时候能感受到对方爱着如你所是的你，尊重着你，你会进行抗争吗？

换言之，抗争的原因在于你的"小我"受伤了。指责他人，对他人愤怒是更为容易的事情，比去观照内在那个受伤的小我容易得多。责怪对方远比感受内在不舒服的情绪要简单许多。

这就是关系中经常会发生的事情——当我们越来越敞开

自己，对身边的人越来越信任和亲密时，我们会变得越来越脆弱。我们放下了自我保护的围墙，摘下了自我防备的面具，这意味着我们过往的伤口更容易被触发。

我们感受到被拒绝、被批评、被评判的时候，所有的旧创伤会一一浮现，过往那些觉得自己不够好、不值得被爱的信念也会如影随形。

这些感受从未走远——它们只是被各种自我保护的策略保护了起来，就像"我很好，所有一切尽在掌控之中"，又或者"我是个快乐又幸运的人，很好相处，完全没有个人需求……"

我们身处脆弱或者没有安全感的情况中的时候，自我保护的面具便开始摇摇欲坠，过往的恐惧即刻从无意识中扶摇直上，正因如此，我们才会大动干戈。

对于无意识发生的一切毫无觉察，所以我们断定所有的反应都是对方的错，都是对方引起的。然而事实是，我们的反应很少源于当下的现状。

强烈的情绪反应，代表你已退回孩童空间

通过你反应的强度，你可以辨别当下的反应是否来自过往的创伤。如果你的反应非常强烈，超出了当下应有的程度，就说明这是旧创伤被触发了。

当下的情况也许并非抗争的始作俑者，你的某一个部分明白这一事实。当下的处境只是一种亟待应对的情况，并不会带来强烈的情绪爆发。

例如，如果我向伴侣询问时间，他说不知道，我不会因此就兴师动众，我不会认为："哦，他不喜欢我了，所以他才不告诉我时间。"我去别处查看时间就好。这是对当下情况的正常反应。

如果我信任自己，信任自己是值得被爱的，当我邀请伴

侣看电影被拒绝时，也许我会心生失望，但是决不会立即就断定他不爱我了。我不会因此大动干戈，大闹一场。

但是，如果我有不安全感，那么伴侣说"不"，会发生什么呢？我可能无意识当中即刻升起一场闹剧——"他不喜欢跟我在一起了，我不够好，他更喜欢别人……"

我们从不会觉得这个"不"可能是对方的问题，对不对？事实上，他们说"不"也许跟我们毫无关系。也许他们今天格外繁忙，只是想独处一会儿。不！我们总认为跟自己有关。

理论上，这是很荒谬的。但是此刻吞没我们的情绪反应并不是理性的——它们来自无意识。当下的情况触发了过往觉得自己不被接纳、不被爱、不够好的儿时创伤。我们被打回到无意识的孩童空间，并带出了儿时的情绪反应。

如果你想验证一下，那么在争吵的时候给自己录音。你事后回听时，你会轻松地辨别出争吵中的你处于孩童空间。如果可以给自己录像的话就更为清晰了！那个孩子在你的话语、你的语调、你的行为和你的表情上。当你盲目地自顾自时，当你无法听到对方的观点时，那个孩子就在这里。

面对被对方触发的儿时创伤是很不舒服的，指责他人、挑起争端是更加容易的。

开始一段健康关系的第一步，就是认可这些都是我们曾

经受到的伤害，不是他人的责任。好吧，对方的确触发了我们
的创伤，然而被挑起的痛苦和恐惧，是我们自己的。

所有发生在我们身上的，给我们带来了分享的机会，我
们应该开放与诚实地去表达。如果你可以不带指责地去分享，
如果你可以承担情绪反应的责任，向对方解释你的感受，那么
对方就不会感到被攻击。如果对方没有胁迫感，他也会对你更
加理解、更加关爱。

事实上，这样无指责的分享就是亲密关系的基石。毕
竟，你的伴侣是爱你的。但是当他备受攻击和指责时，是无法
表达对你的爱的，不是吗？

如果你能够明白，你的反应都来自过往的无意识机制，
就可以理解这一切的源头都只存在于你的头脑里。头脑根据过
去的经历诠释着当前的情况。你的反应是机械化的，受控于无
意识的头脑，它喋喋不休地说着："这个人不能如你所是地爱
你、接纳你，他想要伤害你，你需要攻击或者逃跑以自保。"

观照你的头脑，看看它自导自演的场景——通常仅仅源
自单纯的误会。

为了帮你跟头脑、跟这些无意识的反应拉开一段距离，
首先你需要承认你的内在发生了什么。例如："我觉得很生
气，这意味着我的小我有一部分受伤了，而且产生了一种旧有
的情绪反应。"

如果你可以当下捕捉到的话（我知道有点难），重复上面的步骤，你会感受到内在出现了转变。那场闹剧没有任何当下的实质，某一部分的你知道这一点。这场闹剧仅存在于你的头脑当中，是头脑通过自己无意识的滤镜对当下情况的诠释。只有头脑从无意识当中翻出更多的责备、合理化和抱怨的话语继续添油加醋，这场闹剧才有继续下去的空间。

所以，第二步就是将注意力从头脑往下移向你的心，即胸口最中心——你的体验者所在的地方。

如果你可以将注意力转移到胸口，将呼吸也带入，几分钟之后你就会感受到平静。因为体验者了解不论发生了什么，不论你的头脑创造着什么，在底层一切都好——当下的所有一切如其所是。这只是一个情况而已。体验者了解你的反应来自受伤的小我，来自无意识中涌上的过往的恐惧、不安全感和痛苦。

体验者也知道，你的伴侣也有自己的创伤和痛苦，有他的脆弱，他只是以自己的方式掩盖了起来。体验者了解，对方的所有行为都是源自他的无意识程序，甚至是他自己可能都无从知晓的程序。也许他从未感受过被接纳、被尊重，也许他也有不安全感，也许他唯一掩盖恐惧和需求的方式就是当下这样的行为。

这并不是说他对待你的方式是没问题的。但是体验者知道这一切都来自他的无意识。所以并不是针对你的。它了解，在无意识的丑陋行径之下，我们都是脆弱的，都需要感受到被爱、被接纳、被尊重。他跟你一样。

　　看到这一点对头脑和小我来说很难——觉察你的头脑不想放弃抱怨。然而这一切对体验者来说并不难。所以持续呼吸，带入胸口。这个平静的空间不会感受到被攻击或者被拒绝，所以它不需要对此做出反应。将呼吸带入这个置身事外的空间当中。它理解无意识机制在运作着。

为了抗争牺牲爱，值得吗

我们如果理解并且承认情绪反应不是对方的错，只是被对方触发了，就会给我们带来平静面对的机会，不带指责地去观察事实是怎样的。

这些事实值得我们如此抗争吗？值得我们牺牲这份伴侣之爱吗？

如果我们身处抗争之中，我们意识不到自己在牺牲什么。我们意识不到我们在慢慢凿穿爱的基石。每一次抗争，每一句抱怨和责备，都在击打着将我们维系在一起的信任。

当你指责他的某个行为，抱怨着他做了什么、没有做什么的时候，你可曾想过对方的感受？也许你一言不发，但他能够感受到。如果有人这样对待你，你会做何感想呢？想想看吧。

　　清醒一点，你对别人大吼大叫时，对方是不可能听进去的。他们唯一能做的就是退到内在的隔音墙后进行自我保护，或者开启另一种自我保护机制——对你大吼大叫。不论哪种情况，他们都不可能听进去你说了什么，所以你的怒吼就像手淫一般，只是情绪的宣泄。不要欺骗自己这是在沟通。

　　我们究竟在抗争什么？我们对那些鸡毛蒜皮的事情大动干戈，很多时候都是误会，或者对他人行为的误解而已。也许你的抗争是源于对他人不切实际的期待——你期待他们可以对你所看到的感同身受；或者你期待他们跟你有相同的兴趣；又或者你期待（这是我们女人最爱的）他们冥冥之中感应到你的需求，在你毫无表达的时候挺身而出满足你。

　　如果底层的原因是这样的，那么所有当下的情况都是因为你期待对方成为别的样子。你创造了所有的难题，因为你期待对方改变，成为不一样的人。那么，也许你应该承担起责任，因为最初是你选择了这个人！

　　所有一切的底线在于，这一切真的值得抗争吗？

　　选择是你的：你可以纵容你的小我，为了那些微不足道的事情牺牲你们的爱；或者你可以聚焦于体验者，为了你们的爱，牺牲你的小我想要抗争的那些微不足道的事情。这取决于你。正如同流传着的那句话：你可以选择成为正确的，也可以选择成为快乐的。

这可以很简单。比如，与你同住的室友不爱关灯、喜欢煲电话粥，或者在你看来过度奢侈或粗心大意。你可能很介意这些事，但是当你意识到"我们的友谊比金钱重要"时，事情就变得很简单了。

可能你将自己的无意识投射到了伴侣身上，然而罪魁祸首可能是你的老板，或者你的父母，即一个让你无法反驳、无法与之争论的人，伴侣却承受了所有后果。

或许伴侣对待你的方式，让你想到了儿时父母对待你的方式。也许你对父母有强烈的情绪反应，却将所有情绪都倾倒在了伴侣身上。

也可能复杂一些，比如你觉得被利用、不被尊重，那就问问自己："我尊重自己吗？""为什么我允许自己被利用？""为什么我允许自己有这样的感受？"这时你会清楚，你可以为自己做点什么，而不是无度地期待，命令无法满足你想要的一切。

要记得，对方的所有行为都有他们自己的无意识原因，通常跟你无关。而且改变他们也不是你的责任——你不是他们的父母！

他们也不是你的父母，所以无须将他们投射为父母而兴师动众。

与其抗争，不如借此更为亲密

与其抗争，不如将你的智慧带入当前情况中，借此来改善你们的关系，使你们更加亲密。就像之前所说，与其指责和抱怨，不如冒险迈出你的舒适区，诚实、开放地分享你的内在发生了什么。

要做到这一点，首先你需要与你内在正在发生的一切连接。深深地呼吸，带入胸腔，像吹气球一样充满胸腔。呼吸越深，你就越能够与内在的真实感受连接。你会知道指责和抱怨，其实是你自己保护感受的模式。你一定有痛苦的感受，不然，为什么要爆发呢？

呼吸，并连接受了伤的小我的感受——也许是不被看到、不被听到、不被接纳的痛苦；也许是害怕孤身一人、害怕被遗弃的恐惧；也许是羞耻感；也许是不安全感、无能为力、孤立无助的脆弱；也许是害怕不被爱的恐惧。

当你连接上这些不舒服的、痛苦的感受时，试试不带指责地与伴侣分享你的感受。解释你为何有如此强烈的情绪反应，告诉他你的反应不是他的错，你只是想分享内在发生了什么，让他理解。清晰地表达你只是需要他的倾听，并且询问对方是否愿意。

这并不容易，因为指责是如此强烈又如此完善的自我保护。如果你真的想打破指责和抱怨的恶性循环，离开这个将你带入地狱深渊的模式，真诚地试试看。

单纯地描述你所经历的一切，解释你的感受。鼓起勇气认可这一切都是你的感受。也许对方触发了它们，但是这些是你的创伤，你的恐惧。所以你可以这样说："我的内在发生了这样的事情。"而不是说："你做了……"

也许你可以不带有命令口吻地表达，你想从对方身上得到什么，你希望他们是怎样的，你需要什么。从你自己的脆弱出发，向他解释这是你的需求，而不是抱怨、指责对方。

当你分享内在所发生的一切时，觉察你内在的感受。

你会看到，在指责背后的受伤的、不舒服的感觉，其实都是你童年时期的感受，你曾经是的那个孩子的感受。对方只不过触发了你内在的儿时创伤，这些感受并非像你想的那样，来自当下的情况。

之后感谢伴侣的倾听。如果你可以做到毫无指责，如果你可以真实、真诚地表达你的脆弱，全新的亲密感将包围着你们。（如果没有，那你可以再度考虑一下跟这个人是否真的有未来了。）

我知道，做到不容易。但是这并非因为我们允许我们的小我如此强烈地掌控我们。骄傲自大、勃然大怒很简单，成为受害者更简单，暴露脆弱却是最难的。而代价就是我们筑起了心墙，我们失去了爱、喜悦和真正的亲密。

这是绝佳的练习成为头脑的主人的机会。记住，爱不是理性的，所以这不是头脑可以胜任的领域。当你与挚爱的人争论不休，就等于允许头脑在它毫不熟悉的、不属于它的领域肆意妄为。热衷抗争的是头脑，而不是体验者。爱是心的领域，心属于体验者，而不属于思考者。

放弃"灵魂伴侣"

当谈到亲密关系时，要觉察自己是否期待对方成为"灵魂伴侣"——你的唯一，离开他你无法生存的人。如果是这样，就干脆把健康的亲密关系这件事抛诸脑后吧。

你将伴侣看得过于重要，你自然就会将自己看得无比渺小，而且变得依赖性很强。这是孩子与父母的关系，不是平等的关系。这就是走向灾难的预警。

然而这一现象普遍得令人惊讶。这关乎对父母说"是"（见第六章），如果你不能如其所是地接纳父母，如果你以任何方式拒绝父母、期待父母改变、凌驾于父母之上，你将无法感受到他们与你血浓于水的能量支持。拒绝从父母身上接纳生命能量会削弱你，断掉你的根基，这意味着你将终其一生寻找他人（尤其是你的伴侣）以获取你拒绝从父母身上得到的能量支持。

这是能量层面的问题，而非心理层面的问题。也许你的父母曾如洪水猛兽般难以相处，也许他们已不在人世，也许你与他们素未谋面。然而在无意识层面，你一直编织着与他们的关系。

如果你无法因获得生命而对父母心生感恩，也就无从谈起与他人建立平等、平衡、圆满健康的亲密关系了。你的很大一部分能量将仍旧被囚禁在你与父母的抗争之中，与此同时，你心怀希冀，期待伴侣可以取代你的父母，供给你无条件的爱与接纳。这给伴侣施加了无以复加的压力，也是他永远无法胜任的角色。

同样适用的情况是，你执着于做爸爸的小公主，或者妈妈的小王子。如果是这样，在能量层面你将不能积极地与别人建立关系。你也许会发现，你总是被一些因客观原因无法进入关系的人吸引。也就是说，你总是会选择一些不可能成为你真正伴侣的人作为你的情人。

如果这是你的情况，就要自我检测一下，选择这样的人是否是因为你并不是真的想进入关系——因为在无意识层面你已经身处关系之中了，与爸爸或者妈妈的关系。

幸运的是，这是你可以自我修复的部分，甚至不需要父母参与其中。

对可能结束的关系说"是"

蜜月期过后的乏善可陈，就是关系危机诞生的时刻。我们带着理想化的梦境开始一段关系，如同通过玫瑰色的眼镜看待对方一般——那个让我安顿一生的人终于出现了。

一段时间过后，玫瑰色褪了，我们开始看到对方真实的"本色"——完全有别于我们想象中那样完美。太恐怖了！同时他们也开始看到，我们也并非起初呈现的样子了。

这就是亲密真正开始的时候——幻象褪去，真相浮现。

这时我们通常就开始唠叨对方了，更有甚者，我们可能无所不用其极地试图改变对方。我们希望对方符合我们梦中打造的完美形象。因此，通往地狱的门开启了。

别人是别人，你就是你。你无法改变你的本质，也不可能改变他人。

你可以改变的是这种处境中的自己，仅此而已。如果你开始理解导致你不断做出情绪反应的无意识机制，你就可以将智慧、觉知和责任带入到当下的每一个情况当中。

这会给你带来真实的选择。

权衡利弊，做出选择

你可以好好地审视对方，与真实的他在一起，接纳他不会改变这个事实，权衡各种利弊。这意味着他可能仍旧会时不时地激怒你，通过言行举止触发你过去的创伤和恐惧，导致你出现无意识的反应。

你可以选择不去体验让你内在不舒服的事情，你似乎更喜欢压抑它们，带着自己完善的保护机制过完一生。

这意味着跟真正的亲密告别，因为身处亲密关系当中你就是脆弱的。

完善地保护着自己的舒适空间，也意味着放弃一层层剥掉无意识的可能，放弃与伴侣共同成长的想法。然而，这是安全的——你可以选择留在小我的舒适区。这是你的人生，你自己来选择。

如果你觉得跟他在一起实在透不过气来，让你很不舒服，这也是没问题的，只要你有意识地做出决定，能够承担全部的责任，那这也是你的选择。这样你就可以潇洒地离开，没有悔恨，没有内疚，也没有指责。

所以，权衡一下你们这段关系的利弊。倘若弊大于利，那么你可以怀着尊重和爱向伴侣解释清楚这是你的问题，并全然负责。

之后你可以选择离开，对自己的行为承担全责。这意味着不去指责你的伴侣，因为对方只是在做自己。如果有任何人需要指责，那也是你，因为你投射了自己的想象在对方身上，那并不是真实的他。

或者，如果这段关系利大于弊——除了他，我还能找到谁忍受我所有的习性呢？（当然无须多言，这个决定也并非永恒不变。）

当你的小我去冲撞你的伴侣时，你可以运用这个机遇，更好地去理解运转你人生的无意识机制。你可以善用良机去体验你的脆弱，去感受那些一直暗藏于生命当中的不舒服的感受，去体会它们如何驱使着你的人生——也许现在的你足够成熟，可以去应对这一切了。

不过，这对小我来说非常可怕，小我喜欢一切尽在掌控之中的感觉，不是吗？但是这也是自由的，因为如果你认可了过往的创伤，肩负起了责任，承认了它们给你带来的行为反应，你就不再需要继续压抑这些行为了，你也不会再害怕那些隐藏的、不受控的情绪喷涌而出了。当然，你也不会卷入与伴侣不必要的争斗之中了。

自由来临，与之相随的就是责任。因为一旦你决定与此人相伴，就代表你深知他的真实现状，那么未来如果他继续因为做自己而惹恼你，该怪谁呢？你觉得呢？

这意味着，你不能因为伴侣做自己而唠叨不休，因为是你决定要与他携手相伴的，你明知道他并不会改变。

对真正结束的关系说"是"

最难面对的状况就是，当关系结束时你还没有准备好，你不想分开。你想要继续下去，然而对方却挥手告别了——这激起了你最深层的恐惧和不安全感。如果还有第三者，最惨烈的嫉妒之心、比较之心也会浮现。

也许你早已预料到，也许你对所有不祥之兆都选择一叶障目，也许你有所改变就可以挽回，也许没有第三者出现就不会如此草草终结……那么多的"也许"在你的脑中盘旋着。

头脑享受着自己烹饪的饕餮盛宴，决不作罢！它折磨着你，上演着无数过往的美好和未来的梦魇，还有无止境的欲望——想要知道他在哪儿、在做什么、和谁在一起。

然后你想到了报复，为了你做出的所有牺牲，为了你失去的一切，为了你残缺的心和破碎的梦想（尽管现在这样说不合时宜，但是在没有你配合的情况下，没有任何人可以击碎你的心和梦想）。

嗯……说到哪里了？啊，头脑最爱的——报复。为了伤痛、羞辱、谎言、虐待，为了你曾经遭受的和持续遭受着的一切。头脑合理地不断指责和报复，像一只狗死咬住最爱的骨头，像舌头没完没了地舔着空的牙洞。

折磨可以持续多年，耗尽你的能量，如乌云蔽日，遮盖你的人生，甚至让你觉得"为什么我要起床"，这改变了你的性格、你的人生，直到永远。

真是令人惊叹，不是吗？我们给了他人多少凌驾于自己之上的权利！

冷静地看待事实

你遇到了一个人，你想与他携手共度快乐的一生。也许对方也支持，甚至鼓励你的这种想法。也许你投入了大量的时间、能量以及物质，你与他一起组建了家庭，生下了孩子。也许你为了这种想法放弃了很多，做出了巨大的牺牲和妥协。

但，空回首，一场徒劳。梦想没有走向你想要的方向。你们不再同心协力，想法不再一致。也许，从未一致过。

不论以前你们是怎样的，现在没有成功，以后也不会走向成功。你头脑里蠢蠢欲动、满怀希望的小蠕虫，痴心妄想着他可能会回头，可能会有转机。放下吧！状况不会扭转的。而这些想法却是致命的，它们慢慢地摧毁着你，蚕食着你的能量和理智。

所以，回到现实吧。你的梦想破灭了、消散了，然后激发了你的痛苦和恐惧。你需要理解让你痛苦和恐惧的无意识机制，如果你可以从中走出来，它就无法继续运转你的人生。

首先你要记得，你曾经是如此的鲜活，如此的快乐，至少在你遇到他之前，可以良好地保持生活的运行。也许你曾经也有过其他感情，你曾经也憧憬过跟那个人的美好梦想。好吧，也许不如这段感情完美，但是曾经也很美好，不是吗？你是不是曾经也想过，余生与那个人共度呢？

所以，可能性是存在的，尽管它看起来很渺茫。没有了他，你仍旧可以把生活驶回正轨，甚至可以再度开心起来。也许，如果你真的允许想象力无限扩大，甚至能够看到再次坠入爱河的可能，对吧？

这只是假设。但是我相信你应该知道，每一天——甚至现在这一刻——全世界有成千上万的人关系破裂。然而他们幸存下来了。尽管并非所有，但是他们中的一部分也为自己找到了更美满的人生。

我知道这可能帮不了你正经历着的痛苦遭遇，但是记住这一点总是好的。

应对痛苦

现在，让我们处理痛苦吧，解救你的良药会有些猛烈，也需要勇气。如果你仍旧享受着自己受害者或者复仇者的角色，不得不说，它们确实诱人，那么你可以先暂时略过这一节，直到你完全受够了这让你气息奄奄的肥皂剧。

痛苦代表着受伤和恐惧。愤怒也代表着受伤和恐惧。

我们的痛苦并非来自肉体，而是头脑当中的想法和观念造成的。

比如，如果你中了彩票，会发生什么？这种想法立即引发了身体反应——这个例子当中你的反应是喜悦和欢腾。如果你收到亲友的死讯，身体上也会出现强烈的能量和反应，不是吗？所以身体的感受反映了当下头脑当中的想法。

如果你因为关系的结束而痛苦不已，你的痛苦是头脑对当下情况的想法引发的身体反应。你的想法是你自己对当下情况的特定诠释。

这些想法被外在事件触发——某人离你而去——而你对此的反应是你自己的。其他的人可能会说："好吧，相处的时候很好，现在很明显你已经不这样认为了，尽管我会因为你的离开而遗憾，然而我会带着爱和感恩告别，为了我们曾共享的一切。"这样表达的人当然也会感到悲伤，但是他会跟你一样悲痛欲绝吗？

所以现在这样问很恰当：为什么我们要以如此自我毁灭的方式诠释当下的情况？

这是因为在你头脑当中的观念、理论和信念，都是关于那些事情应该怎样、你应该怎样、别人应该怎样。正是因为这些固化的想法，你才会出现不愉快的反应。因为当下的情况与你精心打造的梦想不一致。

这一切都是无意识的——你肯定不是有意识折磨自己的。头脑会不断地合理化，它会告诉你要不是伴侣的离开你是不会有这些感受的。然而事实是，如果你不如此诠释，就不会有这样的感受，也就不会出现这样的情绪反应。

所以现在这样问似乎更贴切：为什么我要如此诠释呢？为什么我会有这种反应呢？我的哪一部分小我受伤了，或者恐惧了？这个部分是不是无意识地说"如果留不住我的伴侣，我就是个失败者"，或者"其他人（尤其是伴侣）比我好"，或者"我不能一个人，没有伴侣的我是不完整的"。

你的哪些无意识会让你对当下的情况做出如此诠释，又导致强烈的情绪反应呢？

你是否可以暂停头脑当中无限循环的悲剧播放清单，集中所有的注意力，看看你能否忍受做以下事情：写下头脑当中无限循环的所有信息——不要担心它们是否合理，全部写下来。

可以慢慢来，如果你挖掘得足够深入、足够用心，你会发现有些非常无意识又令人吃惊的信念会被挖掘出来。例如，"如果留不住这个人我就是个失败者"，或者"我永远无法拥有好的关系了，这是我最后的机会"。

问问自己："如果我放下对这个人的执念，我真正害怕的是失去什么？我从这个人身上仍旧在求什么？没有他我的人生会有什么缺失？"

然后看看你列出的清单，试着把根源找出来。所有信息的基础，你最为先入为主的主旋律信念，用大大的字体把它们也写下来。它们可能是"如我所是的我是不值得被爱的，我需要改变自己"。

你现在面对的就是制约——一直潜伏于你无意识当中的

信念和想法——这是你出现情绪反应的罪魁祸首。事实上，这些无意识制约一直在统领着你的行为、你的反应、你对生命的态度。你只是从未关注过它们。

看到我们的无意识制约并不容易——它们躲在合理化的背后，因为隐藏着，所以具备了凌驾于我们之上的权利。挖掘它们需要坚韧不拔的决心和持之以恒的努力。

这并不是舒服的事。我们不愿意去看这一切，头脑会尽其所能地阻碍我们去研究它们。但是这却会带来丰厚的回报。把它们的遮羞布撕掉，就已经带走了一部分它们的权利。你能够感受到吗？所以不论你现在发现了什么，恭喜自己吧！

质疑导致你痛苦的潜在信仰

之后，开始质疑它们。问问你自己：这是真的吗？那真的是我的个人体验，还是我一直抱持的陈旧想法而已呢？我是否经历过相反的体验呢？

从未出现过能够理解你的人吗？从未出现过与你开怀大笑，让你从容安然的人吗？

从未有过你可以信任的人吗？（看到现在的事态，你的伴侣也不值得信任吧。）

没有人对你说过"我爱你"吗？

难道你真的觉得这个世界上就没有一个你愿意与他风雨与共、同舟共济的人吗？

难道单身的人真的不如有伴侣的人快乐吗？你又见过多

少真正快乐的伴侣呢？

你会看不起单身的人吗？所以人们为什么会看不起你呢？

确保你在认真地审视你挖掘出来的无意识信念。

然后问问自己，假如我现在单身了，能发生在我身上的最糟糕的事情会是什么？要非常具体——允许头脑倾倒出所有的理由，不论是否合情合理，把它们全部写下来。你再一次仔细地看看你列出来的这一张清单，并提炼出最主要的恐惧。它们是什么，真的吗？

拨开仇恨的、受害的、恐惧的头脑所造成的遮天蔽日的困惑之云，花时间聚焦于可能发生在你身上的最糟糕的事情。然后看看，你能撑过这些从此幸存吗？

你知道其他有相似经历的人是怎么幸存下来的吗？

注意，你的头脑会不断地把你拉回到"可怜的我"的肥皂剧当中。你要觉察到这一点，并保持关注。如果你足够犀利、足够用心，你会发现一些帮助你生活重回正轨的实际步骤——你甚至可以看到一些全新的可能性，并踏入新生活的大门。

是啊，重获自由的你要做些什么呢？发挥你的想象力吧。

想象你正在帮助一个身处你当前境况的人——你会给他什么建议呢？列出所有你可以独自完成，同时又可以获得愉悦感的事情，然后开始做吧。

你的头脑仍然会不断地播放它的悲惨清单，但是当你对这样的行为有了觉察的时候，你会知道自己是有选择的。你可以允许头脑无意识地播放着过去的指责、抱怨、复仇的清单，你也知道这只会让你身心俱疲。或者你也可以充满创造力地运用这个头脑，有意识地给当前的情况注入一丝光明、一丝清晰。

当你准备好从这个喋喋不休的肥皂剧中抽身出来休息一会儿的时候，你可以看看如何应对情绪那一章的建议。

我并没有说这很容易——这并不容易。痛苦和折磨是小我最强的瘾症。

你是否留意到——每当受苦、不快乐的时候，你都会有更强烈的存在感，你觉得自己更加重要，能够更多地感受到自己。而当你快乐、身处爱中，或者平和地顺着生命的长河流淌时，你觉得自我存在感更少了，"我"的感觉减弱了。

所以痛苦对头脑非常具有吸引力，它也痴迷不悔，以一种非常奇怪的方式，让我们觉得自己很特殊、很重要。毕竟，如果我没有问题了我是谁呢？我要聊些什么、思考些什么、担忧些什么呢？

但是要记住，只要你选择继续播放"可怜的我"或者"也许他会回头"的清单——当然这是你的选择——那你就可以将再次坠入爱河的美梦抛诸脑后了。你的头脑和能量都没有空间容纳新的关系。

没错，所有的关系都是梦，因为我们会对彼此有期待。梦想和希望没有错，然而你要记得，期待总会带来失望。因为你的期待是你对人、事、物的个人诠释，你是通过自己的需要和渴望的滤镜去看待这个世界的。

尤其是在恋爱初期，我们精心创作了玫瑰色的画面，然而大多数时候，我们的想象早已脱离现实。我们通过从电影、杂志、书籍、父母和社会等各方面收集的信息，整理出了一套想法，并以此去看待他人。

你遇到一个心动的人，很快脑中便谱写好了幸福快乐过一生的美好梦想。我们很少能够看清楚他人和事物真正的现实。最后，这些现实终将击溃你的美梦。

然而，对无可避免的失望，如果你已经准备好一力承担，准备好去承认是你的虚设和幻想导致失望来临，那么你当然可以享受这个充满梦幻和期待的美梦。它可能会让你收获很大的奖赏。

另一个选择，完全放弃亲密关系，因为它们太冒险，也太危险。你觉得自己无力承受，一切还没开始，尚未把你打入地狱，你就已经被吓着了，这等于你的一条腿已经迈入了坟墓。

　　我在互联网上看到过一段名言隽语：一个女人嫁给一个男人，期待男人会改变，而他没有；一个男人娶了一个女人，期待她不会改变，而她变了。

　　如果你可以看到这整个游戏滑稽的地方，你就没有什么可失去的，除了那个极具破坏性的小我！

YES

A Practical Guide
to Loving Your Life

第 *3* 章

对他人说"是"：
借着对他人的评判来了解自己

我们浪费了多少能量去期待他人改变

诚实地看看你的人生。写下所有现在你生命当中，你希望能够有所改变的人的名字：与你一起工作的同事、一起生活的人、你的家人、你的朋友、政客、你的银行经理……之后，回顾你的人生，看看你想改变的人的总和，得是现在这个数字的多少倍。

想想你浪费了生命当中多少时间，试着去改变他人，为他们不是你希望他们呈现的样子而郁郁寡欢。把这些日子加起来，可能你已经浪费了人生好几年的宝贵时光。你耗费生命中的宝贵时光期待着他人改变，然而，你改变过任何人吗？

也许，只有你被改变了。让我们一起看一看，当我们沉迷于头脑最爱的这个消遣时，真正发生了什么。

想想近来让你手足无措、纠结不已的一个人。闭上眼睛，再次回忆当时的情况，感受自己回到那个时候，回忆你身处何地，回忆所有细节以及你当时的感受——让自己在身体层面重温当时的感受，甚至是你当时毫无觉察的感受。

重温那个情境，觉察你的身体内部发生了什么：感受它带来的紧张感，也许在你的胃部、脖子、肩膀、下巴，可能在你的眼睛、嘴巴周围。检视你的呼吸，是舒缓、放松的，还是紧凑、粗浅的。

不要用你看到的来评判你自己，记下来就好。问问自己：这种感觉好吗？它能滋养我吗？它对我的身体有好处吗？它让我感到扩张还是收缩、温暖还是冰冷、坚硬还是柔软？我希望自己最好的朋友拥有这样的感觉吗？

再次体验这个情境，你可以看到，当你希望他人改变的时候，你是如何伤害自己的。

同时，你也伤害了对方，你羞辱了他。那么，对方必然开始抵抗——即便他知道你是对的，但是为了自己的尊严，他必然誓死不屈服。因为屈服就等于认同了自己像孩子一样，认同了你更清楚他应该成为什么样子，他需要什么。他的小我是不会允许这样的事情发生的。

经验告诉你，你越想改变别人，对方就会越反抗你。这形成了恶性循环，会加剧你们两个人之间不舒服的感受。

你真正想要改变对方什么

列出一个清单，写下所有你希望对方改变的地方。要非常具体——比如，如果你希望对方更加尊重你，那么就将你希望对方怎么表达对你的尊重写下来。

好好地列出来吧，挖出你无意识当中希望对方改变的地方，以及你跟他相处的时候感觉更快乐、更放松的地方。

你写完清单后，读一读。然后问问自己：这个人是这样的吗？他将来会成为这样的吗？不会！答对了！

所以，这些都是不切实际的期待——改变他人的努力，就如同用头去撞墙一般徒劳。不是吗？

不管怎样，你可以问问自己：改变他人是我的分内之事吗？这样尊重他人吗？你会怎么回答这个问题呢？

头脑会告诉你很多绝妙的合理化答案："这都是为了他们好，他们看不到自己的行为对自己、对他人有多大的破坏力。"但是你的直觉，你的"感受"一定会对此颇有异议。你凭什么去评判他人呢？你觉得自己高人一等吗？你自己是完美的吗？

让我们来看看现实。

这个人之所以如此，有他自己的无意识原因。然而他的样子恰好触发了你的情绪反应。但是这个反应是你的，来自你未被满足的被爱、被接纳或者被尊重的需求，或者来自你不切实际的期待。

看看你列出的那个清单，看看所有你需要对方改变了你才能够快乐的事情。你能够看到，你希望从他人身上得到的一切都围绕着你的需求，你想要获得更多的爱、尊重和接纳的渴望。

这是你的需求，你不切实际地期待着他人可以理解它们，满足它们。但是事实是，不管出于什么原因，对方是无法完全满足你的需求的。而且，满足你的需求，是他们的职责吗？

他们之所以这样，有他们自己无意识的原因，而且并非针对你。你可能完全无从知晓他们经历过什么、他们童年被如何对待、他们对自己不够圆满的无意识信念、他们如何隐藏自己那强烈的对爱的渴望。

　　你可以继续指责对方，继续投射你不切实际的期待到他
人身上，期待他们改变。你也可以运用你的智慧，有效地应对
这个情况。

与他人冲突的背后，是受伤的小我

你明白了这一点，你就有机会看到自己，同时也可以问问自己："我想要改变这个人的真正原因是什么？"

如果你诚实地面对自己，你会看到在所有被你的头脑合理化的理由背后，都有一个受伤的小我在说"你没有看到我，你不尊重我，你不喜欢我，你不爱我，你不接纳我"等诸如此类的话语。

这就是隐藏在我们与他人冲突背后的受伤的小我，一个感受不到被爱、被欣赏和被接纳的小我。如果你能在自己身上认出它来，你也能在他人身上认出来。这份觉察，就是所有冲突的解药。

这是什么意思呢？当我们感受到不被尊重、不被接纳时，我们就会报复——可能是不顾一切地大动干戈，也有可能是心怀鬼胎地静候时机。不论是直截了当的恶言相向，还是见机行事的肆意破坏，报复心带来的恶性循环将一发不可收拾，冲突永远无法被化解。

如果你能觉察到导致你对他人出现情绪反应的无意识原因，以及你希望他们改变的地方，那么你便知道要为自己负怎样的责任，你将得到一些更滋养的选择。

你要认识到，冲突衍生于你的需求——渴望被认可、被接纳、被爱的需求，你的内在与他人在抗争。当你意识到想要报复的受伤小我是如此愚蠢又幼稚时，你的反应就会放松下来。

这份领悟会给你带来谦卑，让你重新找回与自己的连接。这也会开始给予你所需要的一切——更多的尊重和欣赏。

以此为开端，让我们清醒地看看现实。如果你真的能够如你所是地尊重自己、接纳自己，他人的反应会如此强烈地影响到你吗？你会如此依赖他人必须有某种行为吗？你不妨深入地思考一下。

如何做到？

看看你对他人最主要的抱怨，这会揭露你最大的需求。

现在，你要理解对方无法满足你的需求（这也不是对方的责任），并问问自己：我做些什么才可以自我满足。

　　有没有什么事情能让你更加放松、更加自如，能让你收获心之所想呢？也许你可以选择更多地聚焦于生命当中那些心满意足的事情，更多地给予自己美好；也许你可以寻找让你放松、满足的朋友一起谈天说地，分享心事……你去找找看。

　　如果你承担了满足自我需求的责任，你就可以看看，当你面对这个一直让你抱怨不休的人时，你能有什么改变。你能够想象与他相处时放下过往那些期待和习以为常的情绪反应吗？你能够想象淡然轻松地面对曾经让你勃然大怒的事情吗？

　　如果可以，就真的在想象当中编织出自己未来的样子——自己跟这个人在一起时放下以往的抱怨，觉察那是一种怎样的感受。

　　如果你想象不出来，至少诚实地对自己说："我仍旧执着于对他人的抱怨，我不会改变自己。他们必须改变。"你要承认是你自己想要继续投射不切实际的期待在他人身上。明知对方不会改变，你也没有权利改变他人，但是你仍然用这样的行为伤害自己，让自己生活在炼狱之中。

　　不论你做出怎样的选择都是可以的——你的人生，你可以按照自己的意愿而活。然而诚实地面对自己，你就可以从无意识程序当中夺回自己生命的掌控权。无论何时开始行使你的权利，都是你的选择。

以全新的方式开放自己——从陌生人开始

试试这个实验，你觉察到头脑正在批评他人，即便是在路边等车的陌生人时，你也要增强意识，并且对自己说："这是头脑。"的确，这些批评的声音都存在于你自己的头脑当中。

把批评他人给你带来的感受记录下来——面部和身体的变化。留意嘴巴和眼睛周围的表情，以及伴随而来的紧绷感。记住，不要因为这样的想法而评判自己。这只是你的头脑在"放任狂奔"。

然后将你的觉知从头脑移向你的胸腔，并将呼吸带入这个空间，问问自己："我能够在这个人身上看到什么美好的品质？"也许你看到了真诚、全然、天真、顽皮、优雅……

不要强迫亦不要假装。你不断地将呼吸带入胸腔，带着寻找正向品质的意图去看这个人，让这一切成为自发行为。如同头脑无法停止寻找错误一般，心也无法停止寻找正确的一切。试着自己去找到真相。

注意，当你以这样的方式转移注意力时发生了什么。你觉察到你的呼吸立即发生了变化。你越多地练习觉察身体感知，将越能看到随之而来的各种改变，瞬间便会给你带来放松和释然。

你尤其需要觉察面部感受的改变。

谨记，你并不是为了对方做这一切，你是为了自己，因为这让你感受到被滋养，感受到放松。

一段时间的练习之后，尝试将这个练习应用在那些对你不会有强烈影响的人身上，然后是那些让你强烈反感的人、你不喜欢的人身上。问问自己：他们真的那么糟糕吗？我在他们身上找不到一个优点？

这似乎并不容易——头脑热爱冲突、批评、指责和抱怨。这是头脑熟悉的领域，这让它舒服。但是你内在的体验者热衷于寻求美、正向和满足。所以试试看，你能否给自己内在的其他部分多一些空间——开始去发展你的体验者。

面对真正惹怒你的人

既然对不喜欢的人你都可以熟练掌握练习要义了，你也就准备好面对经常与你发生冲突的人了。下一次当他横眉冷对、气势汹汹之时，你可以用若干新的对策来应对。

首先，你需要深呼吸，承认自己对他的攻击性产生了情绪反应，这个反应是你的。这可能来自你对他未完成的、无意识的需求和渴望，或者来自你对攻击性的恐惧，又或者来自你内在其他的原因。你要告诉自己："反应在这里，这是我的。"

这会让你的情绪反应足够放松，足以提醒你自己："你很好，这不是对你的个人攻击，只是某个人受伤又无从知晓要如何应对。"这是真的，攻击性是保护机制。它的背后永远藏着一个受伤的小我。不然为什么需要攻击性呢？

这意味着这个充满攻击性的人，他觉得自己不被爱、不被欣赏、不被尊重，或者不被接纳。

所以与其用抗争、唠叨，或任何其他方式惩罚他，你倒不如深入了解他——看到他的痛苦和需求。他渴望被接纳的心情，和我们是一样的。

你的头脑对他会有各种批评性评语，如果你将注意力从头脑移开，通过呼吸带入胸腔，将主控权交给体验者，你将真实地感受到导致他行为的无意识成因——他缺少什么，需要什么。

如果你愿意的话，现在你可以选择以你的方式，不带任何自我妥协地给予他这一切。如果你能对彼此内在发生的一切做出回应，而不是聚焦在掩盖彼此的脆弱这种自我保护上，整个状况就会出现截然不同的变化。

如果你可以做到这一切，那就准备好迎接彼此之间关系动态的大转变吧。

重点：如果你感觉自己高高在上，这些练习都会毫无用处——只有真正的体验者才能让这些练习发挥成效。因为只有真正的体验者，才会理解我们都有相同的基本需求，我们对这些相同的需求都很执着。

想说"不"，就可以说"不"

在与他人的沟通当中，如果我们没有说"不"的能力，那么说"是"也是言不由衷的。这时候，我们的"是"就是一种妥协。

导致我们与他人产生冲突的一个重要原因就是，我们很多时候不知道如何说"不"。我们害怕被拒绝，或者被惩罚，所以我们以说"是"来妥协。如果我们的妥协是不情愿的，我们就会不快乐，那我们的无意识就会伺机报复，程度或轻或重。

我们的"不"通常也是一种反应——发起挑战或者挑起抗争——并不是单纯陈述事实。所以"不"也会招致对方的反应。在我们清醒意识到这点之前，就已卷入到循环往复的悲伤争斗之中。

所以，如何在不制造冲突的情况下说"不"呢？

下次当你对某人说"不"，或在心里感受到"不"的时候，观察一下你的能量去了哪里。你会发现，它留在身体的上半部分——你的头、脖子、肩膀、手臂以及拳头。这是来自头脑的"不"——这是抗争。你在试图说服对方，让他认同你，或者你是怀着对他的愤怒而向他报复。

当你觉察到这种情况时，深呼吸，并将身体上半部分的觉知转移到腹部、肚脐的区域。你可以想象，身体上半部分的能量在融化，通过你的脖颈，流经身体中间部位，贯穿双脚，进入大地。

几分钟之后，你会觉察到这给你带来了接地的根基感，平和感也油然而生。持续将呼吸带入腹部，你可以将双手放在腹部，帮助你将觉知带入这里。

如果你感觉准备好了，你可以让一个"不"从肚脐之下释放出来，日语称这个部分为丹田（hara）。这个"不"是单纯而平和的表达，没有任何说服他人的意味。如果你感到"不"的背后包含了情绪，那么你可以保持腹式呼吸，多等一会儿。

你刚才所做的就是将注意力从头脑转移至体验者。体验者不会抗争，它只是表达着事实，描述着自己对当下的反应。

如果你允许体验者发言，你会觉察到它带来的改变也是具有开放性的。这与妥协的头脑说的"是"完全不同。

你也会觉察到对方反应的改变。当你的"不"是一种抗争时，你会发现对方不得不反抗或者极不情愿地表面屈服，并伺机报复——他们的小我不允许委曲求全。

当你的"不"来自体验者平静的表述，不带有试图改变对方的意图时，你会发现对方也会对你报以尊重和倾听，因为他们不会觉得被挑战或者被威胁了。以此，你们双方得以和解，彼此感受到的是被尊重和倾听。

通常，做到并没有听起来这么容易，因为我们往往会纠缠于抗争当中的无意识理由。但是如果你准备好了从头脑移入体验者，如果你准备好了迈出小我的舒适区，你将会看到这个方法卓有成效的一面。

借着对他人的评判来了解自己

看清楚自己是非常困难的。看清楚他人要容易得多，尤其是看他人的缺点。

但事实是，我们在他人身上看到的都是我们头脑的反射。我们的头脑根据自己的想法、自己的程序，诠释着我们感知到的一切，也就是看到的、听到的、感受到的一切。因为我们如此习惯于听信自己的头脑，而非感官，所以我们极少能够清晰地看透当下的事情。

不过，我们可以运用头脑的这个习惯，去挖掘一些我们通常无法看清楚的无意识部分。

可以这样做：选一个你对他有强烈评判的人，真实存在的，或者存在于你脑中的人皆可。写下你对他的所有抱怨，所有能够激怒你、让你不愉快的事情。头脑最喜欢这么做了！

写完之后，仔细地看看你列出的清单，根据每一条问问自己："我是不是……？"花点时间去感受答案。如果你的答案是"不"，那就试试这样问问自己："我是不是暗地里喜欢……？"

如果你这样做了，你会看到——我们对某人有强烈情绪评判的地方，就是这个人像镜子一般反映的我们内在的某个部分，我们不愿意接纳、不喜欢的自己的某一部分。

这是一个绝妙的发现。因为这意味着借着头脑无休止地斥责对方的机会，我们能更好地学习到，我们是如何拒绝着自己，如何对自己说"不"的。我们可以运用对他人的评判，看到一直运转自己人生的无意识习惯和模式。

将无意识习惯和模式带入意识当中，觉知它们，就是脱离它们的开始。因为当无意识被看到的那一刻，就是其丧失力量之时。

让我来明确一点——当某些无意识被承认而不加以任何评判，没有感觉"哦，我的天呐，这简直太糟糕了，我讨厌这个，我不喜欢这样"的时候，你就会意识到你是有选择的。

你可以继续这样下去。或者有意识地去做，看看你能够继续有意识地愚蠢多久。或者，你可以在这个当下就迈出来。

YES

A Practical Guide
to Loving Your Life

第 *4* 章

对情绪说"是"：
压抑或宣泄情绪都是有害的

有些情绪我们喜欢（至少我们都喜欢体验所谓"美好"的情绪），有些情绪我们不喜欢。正是这些不喜欢的、不想要的情绪导致了问题出现。因为正如我们之前所看到的，当我们拒绝时，就将它变得更重要了。因此给予了它凌驾于我们之上的权利。

我们知道，只有两个方式应对不想要的情绪——压抑（咽下去，忍气吞声），或者表达（宣泄到他人身上）。这两个方法都具有破坏性。

觉知到某种情绪时，它已经影响到你的身体

这是因为头脑感知到危险时，不论有意识的还是无意识的，都会触发身体中的一个自动系统，这会带来肾上腺素和压力荷尔蒙的释出，会带来一系列身体反应，帮助身体准备好应对危险或者逃离危险——这被医生称为"战或逃"综合征。

这种综合征是自发的，用于生物本能时是有利的。

它的运作方式是这样的：当一只兔子正在进食时，发现一只狐狸在一边伺机而动。狐狸看到了自己的午餐，步步逼近。兔子的系统立即自发地进入警觉状态，触发了身体中的化学变化，给兔子带来了额外的力量帮助它安全逃跑。如果它安全地返回自己的洞穴，它就会停下来，放缓自己的系统，恢复自然平静的状态。危险已经过去，兔子放松了下来。它并不需

要去看精神科医生或者加入反狐狸机构来解决心理问题。它不
会因为狐狸而噩梦连连、夜不能寐。它也不会有任何慢性症状
的困扰——所有压力荷尔蒙都被用掉，它的身体是健康、平衡
而且放松的。

　　然而，问题是"战或逃"综合征会在每一次头脑感知到
危险的时候被触发，不论危险真实与否。多少个夜晚你被自己
想象出来的声音吓到？你还记得那个瞬间的惊吓感吗？身体突
然全线警报，准备好应对已识别的危险！

　　"战或逃"综合征并不仅仅在身体遇到危险的时候被触发
（比如面对尖牙利齿的老虎），它也会在理智和情感遭受挑战
的时候被触发。通常，当我们头脑中的小我感受到威胁的时候
就会被触发。

　　例如，你的老板批评了你的工作，你的小我感觉到被攻
击了。身体准备好保护你，它释放了必要的化学成分来帮助你
战斗或者逃走。你感受到了身体内部发生的一切。但是你无法
一拳打在老板鼻子上，或是对他说："对不起，我现在感觉到
被威胁了，我需要绕着办公室跑几圈。"所以你压抑了身体的
反应。

　　我们压下了所有的感受，运用呼吸抑制住了身体提供给
我们的自发反应。我们常常如此迅速地给情绪反应盖上盖子，
甚至连我们自己都毫无觉察。但是身体总是会被影响的，因为

不论你是否压抑，这个系统都会照常运作。

我们的小我对威胁的生理反应是自动的，就如同呼吸一样。我们无法阻止它。

一旦身体系统释放出化学成分，你的身体也会出现物理反应——心跳加快（砰！砰！砰！）、血压升高、胃部抽搐、嘴唇干燥。为了迎战，身体调离了输送到消化系统以及其他系统的血液和氧气。

身体中产生的生理感觉，我们称为情绪——例如，恐惧、愤怒或者嫉妒。

压抑或宣泄情绪都是有害的

当我们压抑正在产生的情绪时，所有身体中自动释出的化学物质没有机会履行自己的职能，它们就会继续停留在身体系统当中。

肝脏聚集的多余葡萄糖和脂肪细胞会停留在腹部区域。这些未被使用的压力荷尔蒙在身体系统中游动是有毒的，它们开始毒害我们的身体系统。当积累到一定程度时就会导致慢性疼痛、心脏病突发，甚至更严重的情况。

所以，任何医生都会对你说，压抑是身体自毁行为。

除了压抑，我们了解的另一种方式就是将多余情绪宣泄在他人身上——我们委婉地将它称为"表达"。我们选择的目标人物可以是触发我们反应的罪魁祸首，或者某个比我们弱小的人（孩子、员工、上诉人）。我们开始侮辱、威胁他们，有时甚至更恶劣。

从过往体验中我们知道，这也是具有破坏性的。

首先，它使我们与那个人的关系陷入恶性循环，因为它触发了对方的"战或逃"综合征，以抵抗我们。

其次，如果你留意对他人宣泄情绪后你身体的感受，你会看到你仍旧处在紧绷和愤怒的状态当中。在心理层面你也并不好受——事后你会后悔，甚至因为内疚而更加愤怒。

宣泄情绪也无法获得荷尔蒙被正常使用之后的清澈和全然感，无法获得那种放松。

所以，如何做？

还有第三种方式，既不是压抑也不是表达（宣泄）。它是这样运作的：承认你的情绪，并对你的情绪负责任，面对它，看着它，不卷入其中。

这是什么意思呢？如果有人说了什么话，或者做了什么事情触发了你的愤怒，首先你要对自己承认，愤怒在这里，这是我的愤怒。

通常，我们要么立即进入自我保护模式攻击对方，向对方宣泄自己的情绪，认为我们的情绪反应都是对方的错，要么默默咬紧牙关、攥紧拳头，佯装一切风平浪静。

在第三种方式中，我觉察到自己正在体验愤怒，我认可这是我的愤怒，对方只是触发了我的反应而已。这样便跨出了非常可观的一步，如果你可以做到，立即就会感受到压力消失不见。因为由他人带来的无意识的"威胁"已经离开。

然而，你身体中已经释出的压力荷尔蒙，迟早得将它们完全用光，你可以采取一些更有活力的方式，例如跑步、跳舞、滑板，或者清理堆满垃圾的阁楼。

观照

　　与此同时，观照身体中的反应——记录你的内在发生了什么，感受内在能量的流动。如果愤怒，就去感受内在的焦灼、火热；如果恐惧，就去感受颤抖。不论正在发生什么，就是允许它在那里。这是接下来迈出的一大步。

　　不要压抑，也不要表达（除非你身边没有其他人）。觉知这种特定的情绪在身体中的显化：你在哪里感受到了它？是什么样的感知？

　　试着回避所有具有贬低性的标签，因为你对情绪的任何评判都会影响练习的目的。如果你对抗它，就无法觉知到它是如何运行的。

　　保持觉知，不要定义这种情绪，不要卷入头脑因当下情况而自顾自上演的故事中——不要迷失于为什么你会拥有这样的情绪反应。这是觉知的一个障碍。

知易行难，因为头脑热爱翻来覆去地品味这些故事。但是随着练习（冥想是至关重要的），你会觉知到，这个故事、这个合理化的原因，都是属于头脑的。它们不过是你的想法而已。它们唯一能够具有现实性的原因就是你在不断供给能量。

你觉察到自己被卷入头脑之中时，只需要单纯地对自己说"这是头脑"。这会立即切断你对于头脑的认同，切断头脑洋洋洒洒替你的情绪反应罗列的合理化的成因。因为如果你能看到自己的头脑，你便不会迷失其中。试试看，觉察当你这样做的时候会有怎样的改变。

与其卷入头脑当中，你不如去享受观照头脑——观照头脑喋喋不休围绕当前情况所编织的所有故事、所有闹剧，观照着它，就像看电影或者看别人的头脑在运作一般。你会看到头脑控制不住自己，它会立即设想成最糟糕的情况，然后借着指责他人，把身体当中自发出现的情绪反应合理化。

注意头脑的一个强烈惯性：它会通过不断地诠释事实来助长你的情绪，它会一直在唠叨你为什么会难过。它无法放手，不是吗？

随着练习，你将会越来越容易把自己从头脑的合理化解释中脱离出来，只是单纯地承认"这只是头脑而已"就好，不带任何评判。

之后，你可以将注意力转移到觉知身体中的反应，感受在这个当下，真实发生在身体中的一切。

你会看到，情绪其实只是能量——在身体中上下窜动的能量。

如果你努力地看清楚（例如，对此不定义或不要带任何评判），你将会看到所有的情绪，而这些情绪能量都有不同的品质。

也许你会发现，愤怒包含了热情、生命力和火；悲伤具有深度和平静，同时还暗含一丝甜美；恐惧包含了兴奋。

品味你所发现的一切，记住不要带任何评判，不贴标签，只是去看，去观照，像一个科学家开启全新的探索之旅一样。

令人惊叹的地方在于，当你允许情绪存在，并看到身体当中的反应，与所发生的一切合作而不去抗拒，甚至尽可能地去享受这一切时，它就会自然地改变。

能量总是在移动着、改变着。如果你不去阻塞、压抑它，或者宣泄在他人身上，并允许它以健康自然的方式自我表达，你会发现不用多久，它就改变了。

当你的身体饥饿时，它需要吃东西；当你的身体恐惧时，它需要的是颤抖；当你的身体愤怒时，它需要嘶吼尖叫

（不是对某人尖叫）、打枕头、猛击墙壁或者来一次长跑，然
后它就消失了。

　　所以，如果你没有卷入头脑对情境诠释而产生的心理反
应中，你就有可能将注意力转移到身体反应上。用不了多长
时间，当你允许能量完成自己的循环时，这些反应自然便会
消失。

理解

　　到了这里，你获得了更多的了解自我的机会，你可以理解为什么你的头脑在一开始会感受到威胁。随着理解的产生，下一次遇到相似的情况，你就不会有如此强烈的反应。因为你的头脑不会再感到太大的胁迫。

　　现在你可以问问自己：是什么样的想法触发了我的情绪？可能发生什么最糟糕的事？我害怕的是什么？是什么样的信念触发了恐惧或者愤怒的能量？

　　你也许可以看到，在情绪反应营造的迷雾之下，掩盖的是恐惧他人对你的看法、他人对你的评判。那么你可以问问自己：我担心他们会怎么想我，我到底是在害怕什么？

　　也许你会看到自己是在害怕失去些什么，或者被夺走什么——不论是物质层面还是心理层面的。在这当中，也许你可以看到这其中的根源就是比较心。

比较心衍生于小我和头脑，但是它不是真实的，它只存在于你的头脑当中。我们都是如此的独一无二。请记住，你无法成为也没有必要成为其他人。我们已经足够好，好到被邀请来到这个世界。所以拿自己和他人作比较就是浪费时间、浪费能量。这不是聪明的行为，而且不必多说你也知道，这并不健康。

可能你会发现触发情绪反应的是深埋于心的对于失控的恐惧，或者觉得自己没有根基，没有支撑，甚至是觉得自己不值得。

也许你会看到自己害怕死亡。你害怕生命消失、时光荏苒，你却没有活出生命的真谛。也许你害怕孑然一身，内在空虚，那种空虚感让你心如死灰。

拥有向内看的勇气，找到情绪反应的根源，就可以让你移除头脑中的威胁感。因为当你能够说"是的，它在这里"时，那么它自然就不再是威胁了。因为它已经不再是无意识的，你对它有所觉知，它就失去了隐藏于你内在又凌驾于你之上的权利。

假如某个人没有邀请你参加他们的晚宴，这对于你的小我来说是一种威胁。你可能会出现或愤怒或恐惧的情绪，甚至产生坠入深渊一般绝望的反应，通常我们称它为悲伤。

首先觉知你自己的反应，并承认它："愤怒（或者任何情绪）在这里。"然后，你去观照身体中发生的一切——所有内在微小的震荡。

当头脑试图干扰你，把你拉进为什么会有如此感觉——那个"可怜的我"的故事中时，你要承认"这是头脑"，然后回到对身体能量的观照当中，呼吸并允许所有一切呈现，允许它完成自己的循环，恢复平稳。

当一切平稳了或改变了，你可以问问自己，是什么触发了这种反应？也许你会发现，你是因为被他人拒绝而愤怒，或是因为没有人喜欢你而恐惧，又或是因为自己没有朋友，终将孤身一人而悲伤……不论发现了什么，都要对自己坦承。

比如，你这样对自己说："是的，害怕孤身一人的恐惧存在于我的无意识头脑当中"。你会感到轻松感油然而生。

那么，你只需要面对当下的情况了。当下的情况是害怕孤身一人，而这种情况是可以应对的。你可能意识到，你已经到了可以独自面对一切的年纪，孤单是一件可以接受的事，这不过是深埋于无意识当中儿时的恐惧。或者你可以让自己不再感觉孤单，邀约二三玩伴，享受彼此的陪伴。

你清晰地看到当下的情况，清除情绪带来的重重迷雾时，选择就会自然地呈现在你眼前。

对你的情绪说"是"，就是对你的能量说"是"

我们被教导有些情绪是无法被社会接纳的——它们是"错误"的。当如此情绪升起的时候，我们会试图去压抑它们。但是要记住，情绪就是能量——它们是情绪能量在你身体中的表达，从而引发的身体感知。所以如果你否认自己的情绪，就是否认你的一部分。持续地压抑能量，你最终会变得死气沉沉、形如枯槁、毫无热情。因为如果你压抑，就需要压抑所有情绪和感受，不然那些尘封已久的恐惧总是伺机想要喷涌而出，势必会让你窘迫不已。

如果你体验过愤怒，知道它就是一股能量，你对它就不会恐惧；如果你体验过悲伤，明白它也是一股能量，你对它也不会恐惧。你就能够理解能量都是中性的，没有对错，这样的理解会给你带来巨大的自由。

这并不是说这些能量不会再回到你的人生当中——它们还会回来。但是你要知道，你可以成为它们的主人，通过觉知、理解、观照它们，而非压抑它们。

留意环绕在你四周的能量，你宛若置身于暴风眼——那个平静的暴风中心。不论这些能量狂风吹刮得多么强烈，它们都无法干扰你内在的平静。这是你可以通过静心而获得的体验。

你的头脑针对情绪诠释了各种故事、闹剧和合理化情节，静心可以带你离开头脑，带你进入内在的核心。在这里，你可以看到并理解到，情绪只不过是能量，你无须去定义它，亦无须被卷入其中。你可以去看，就如同看着发生在别人身上的事情一般。

你掌握了控制自己情绪的技巧，承认情绪就在这里，并感受在你的身体中流动的能量，而不是沦陷于头脑编织的故事当中时，你便会享受这些能量。

你会发现，其实你可以更有创意地运用这些能量，来提升你的生活品质。

例如，我可以运用愤怒的能量去整理迟迟不愿打理的衣橱，或者清理花园的杂草。我并不是通过这些行为来表达愤怒，而是将愤怒引导至我在做的事情上，利用愤怒激发的活力，来达成更具有创造性的目的。这会非常好清理，让你的衣橱或花园焕然一新。

我也可以放慢自己去享受悲伤的能量，去触碰内在更深入的空间。在那个空间，我可以静心、作画或者写诗。

总的来说，情绪是头脑对于某种特定情况的诠释而引发至身体的感受。所以情绪是反映我们的头脑的，而不是反映我们的内心的。

当头脑将某种情况诠释成威胁小我的时候，身体的"战或逃"综合征就会被开启，所触发的身体反应被称为情绪。

如何体验所谓"不想要"的情绪——愤怒

你很生气，某个人做了使你怒不可遏的事情，你想杀了那个人，以眼还眼，以牙还牙，拿回公道。他们活该，但是你呢？

你以前这样做过，可能做过成百上千次。你知道这不但无济于事，还有可能愈演愈烈。更糟糕的是，这让你的内在百感焦灼，你在毁灭自己。

所以，这里有一个不一样的方法可以试试看。如果触发你愤怒的人在场，对他说："我现在真的很生气，这是我的愤怒，我需要独处的空间去处理它。请对我有耐心。"

找一个不被打扰的单独空间，最好是有镜子的房间。做几次深呼吸，每一次吸气后保持几秒再呼出。这会帮助你与头脑拉开距离，头脑会不断地试图用你生气的原因将你攻陷。

　　然后，承认愤怒是你的感受——的确，有人触发了你，但是愤怒是你的，所以对自己说："愤怒在这里，我现在很生气。愤怒是可以的，这就是正在发生的事情。"你不要沦陷在头脑对当前情况的合理化解释当中，而要接受当下的事实。

　　允许愤怒在这里，去感受它。允许给自己全然地感受愤怒的能量：现在你的身体中出现了哪些愤怒的症状？不要压抑，不要控制，允许它在这里，让它不断翻涌、沸腾。鼓励它在这里——深呼吸，以便感受愤怒的热量如烈火一般吞噬你。

　　你的头脑会试图把你从感受中拉开，让你进入使你愤怒的原因中。留意"这就是头脑"，然后聚焦于内在熊熊燃烧的愤怒之火上，让它完全占据你。让每一个细胞感受它，如同每一个细胞都是一团怒火一般。

　　允许你的身体做任何它想做的事情——握紧拳头、咬紧牙关、跺脚、对枕头拳打脚踢、发出怒吼。允许愤怒爆发出来。只是不要使用语言，因为这会将你带回头脑当中。如果不会吓到邻居的话，你可以发出声音。

　　然后去感受：这是什么能量？愤怒的能量究竟是什么？记录下来。它在你身体中你的感受是怎样的？它给你的身体带来了什么？你不要评判——这就是回到了头脑。你要像一个科学家一样敞开自己，毫无偏见地去探索这种能量，不要压抑它。

如果有镜子，看看镜中的自己。仔细地看你的脸，因愤怒而扭曲发红了。继续表达愤怒，并且继续看着你的脸。不要停下来，不要放空，允许愤怒全然地表达自己。

感受你身体中流动的生命力。这股热的能量就是愤怒。感受身体中的每个细胞都被这生机勃勃的能量震荡起来。看看你能否允许自己去享受这股充满活力的能量，这股让你的身体震颤不已的能量。它就像电流一般——尽管当下你可能觉得它更像熊熊燃烧的烈火。

一段时间之后，看看你能否将注意力转移到内在那个安静的空间。愤怒的暴风环绕着你肆虐，而深入内在，有一个空间却不被打扰。它只是被这股能量震动，呜呜作响，却没有火。你甚至能够感受到一丝凉意，如同清风袭来。花点时间去感受它吧。

留意你的脸开始柔和下来，身体也开始放松了。平和的空间慢慢扩大，愤怒也逐渐烟消云散。你可以感受到内在的活力，就如同电能一样扩散开来。通过呼吸，你可以感到这股能量贯穿全身。最后你会感到这股能量、活力扩展开来，环绕在你的周身，产生了一圈光晕。

接着你可以坐下来，在环绕你周身的光晕中放松下来。当你准备好了，你可以更有建设性地去使用这股能量和活力——跳舞、跑步，或清理累积多时的杂物。

　　你是否觉察到，当你从喋喋不休地聒噪着愤怒原因的头脑转移到身体中真实发生的感觉时，内在发生了改变？身体感官在这里，但是它们是中性的，没有对错，没有好坏，它们只是感受能量流动。只有头脑在评判，身体只是去感受。

　　当你体会到这一切时，如果你愿意，你可以选择回到那个触发你怒火的人身边，向他解释你刚刚经历的这过山车一般的奇妙体验。

体验者的情绪有不同的品质

还有其他的情绪，并非来自头脑，而是来自我们的体验者。我说的情绪并非心理情感——那是精神层面的，也是由头脑引发的。我所说的情绪是毫无缘由地从内在慢慢浮现出来的。

这些情绪没有背后的"故事"——与头脑毫无关系。它们是当你看到美丽的日落，或者两位古稀老人开怀大笑时的感受。它们是微风轻拂面庞、脚踩细沙时你的感受。它们是当你疲惫不堪的时候躺在干净的新床单上、极度口渴的时候畅饮一杯水、膀胱快要爆炸的时候找到可以如释重负的卫生间时的感受。这是一种无以名状的满足感、喜悦感、平和感，没有特定原因。

　　我们都经历过这样的时刻，我们投入更多的关注在这些美妙的事情上，当其发生时全然沉浸其中。正是这样的时刻，让我们的体验者得以更好地发展。

　　你把注意力放在正向事物上时，你便开始越来越多地体验正向的、滋养的情绪。这不是需要你相信，或者否认的事情，而是需要你亲身体验的事情。

　　你可以这样试试看：坐在一张舒适的椅子上，然后闭上眼睛。将注意力带入胸口的最中心，可以把手也放在心的位置来帮助你专注。感受你的呼吸也在触碰着内在这个位置。

　　就这样休息着，并把呼吸带入手的位置，感受手底下慢慢累积起来的温度，花点时间记住这样的时刻——当你毫无原因地感受到美好的爱、喜悦与平和的时刻。

　　可能是你身处大自然的时候——漫步沙滩、置身森林，或者你在自家花园安然休憩的时候。可能是你被美景惊艳到的时候，也可能是你看到水面月光倒影的时候，或者你被小孩子、小动物触动的时候。

　　当你回忆起自己置身于此的画面时，允许自己全然地回到那个场景当中。再次看到你当时看到的，听到你当时听到的，感受你当时感受到的，去感受在你的身体中、在你的脸上的感觉。

　　你回忆这一切的时候，留意那个你对于整个世界感到怡然自得的时刻——没有任何问题，对自己没有怀疑。没有困惑，没有迟疑，因为你身处体验者之中。

当快乐重新将你包围时，想象并加倍这份快乐，让这份席卷而来的快乐冲破云霄。

带着这样的感受四处走动一下，允许内在出现一句能够描述这份感受的话语。

不断地对自己重复这句话，带入呼吸，更深刻地去体验这份感受。然后看看你能否将它延续一整天。每当你想起来，就闭上眼睛，允许自己再度沉浸在这样的感受当中。

无论什么时候，只要你想到，就可以这样做，因为它是你真实的感受——从内在浮现出来的，不依赖于任何人。意思是，这份感受是你独有的——它属于你。它一直在这里，等待着你想起它，等待着你意识到它，你比你的头脑要宽广得多。

YES

A Practical Guide
to Loving Your Life

第 5 章

对习惯说"是":
打破顽固的习惯

我们都有意愿去改变自己的"坏"习惯和模式，然而收效甚微。

为什么？

因为尽管我们的理性和有意识头脑知道这样是不健康的，需要做出改变，然而我们的非理性和无意识头脑却持有不同意见。然而这是我们所无法触及的，因为它们是无意识。

所以，尽管你有意识地努力试图戒烟或者早起，如果你发现自己一直在摧毁着自己的意愿，那么就要留意，这是你的无意识在起作用。

首先你要承认：好的，我有一部分并不愿意改变；这并非有意识的，所以一定是我无意识头脑的一部分。很明显，这一部分有它合理的原因。重要的是，不去评判、贬低这个部分，因为这样反而会适得其反。

这部分不是你的敌人，这个习惯只是在保护你，或者帮你得到一些你需要的东西。除非你能够理解创造这种需求的背后机制，不然你无法放下这个习惯。或者，如果你真的强迫自己或靠着坚强的意志力做到了，这个无意识需求也会逐渐衍生出一个新的习惯。

比如，如果你戒烟成功，然而不了解吸烟试图填补的空洞，你也许会发现自己开始过度进食或者开始通过其他给你带来舒适的习惯来聊以慰藉。

不了解习惯背后的无意识意图，你无法改变

承认了无意识的某一部分不想放下这个习惯之后，下一步就是与这个部分对话。尽可能尊重、充满爱地问问这个无意识的部分："为什么你需要继续保持这样的习惯？它给我带来了什么，保护了我什么？"然后等待内心深处的答案。出现的答案也许是话语、图像，甚至是感受。

你会惊讶于无意识中浮现的一切。也许这个习惯在你年幼又脆弱的时候，曾经保护你免受不安全感的侵袭。也许这个习惯无意识地连接到了自由——也许当你开始叛逆的时候选择了抽烟。或者，这个习惯可能给你带来了必要的休息，让你获得了属于自己的空间（比如头痛和偏头痛）……你的习惯也许在保护着你免受孤独和无力感的纠缠，免受被拒绝、被冤枉的

痛苦。

曾经我发现自己卡在一个习惯当中，纠缠在一段对我来说并不健康，更不滋养的关系中。理性头脑已经准备好告别，但是我发现自己不断地被拉回去，不断地试图游说自己相信对方的承诺，相信这一次会不同，我就是他生命当中最重要的女人，其他的露水姻缘无非他的逢场作戏（一场他并不愿意谢幕的戏）。经验告诉我他不会改变，但是我也不得不承认，无意识中的某一部分仍旧希望一切可以峰回路转。

我坐了下来，问我的无意识为什么我要不断地被拉回这灾难当中。我面对着墙，在头脑中反复问着这个问题，不带偏见，充满尊重地等待着。我得到的答案让我大吃一惊。我发现我对自己说："如果我不在关系当中，我就是不完整的，如果我无法留住自己的男人，我就是个失败的女人。"这答案必然是无意识的。

理性层面我知道，在遇到这个男人之前我也快乐过，以后没有他我也会再度快乐起来。我也知道这个世界上还有其他男人。但是我的无意识中携带几个世纪以来女人所抱持的制约——只有被需要我们才是有价值的，我们的生存都依赖于男人的保护。

当我对此有了觉知时，我就可以告诉无意识，这只是过去的制约、过去的恐惧，我自然是可以独自一人生存的。然后

我非常有爱地对自己说，作为一个女人，我是完美无缺的。在
这个过程当中，我的内在放松了下来，我不再执着于对方困住
我的牢笼。

你也可以试试看。

性格模式只是习惯

如同行为习惯一样，我们也拥有性格习惯和模式。

我们看待事物的方式，对生命和周遭情况的态度，都可以是一个习惯。

也许这是我们在毫不知情的情况下从父母身上学习到的，从未质疑过，也从未客观地思考过是否还有其他方式。悲观主义就是一个很好的例子——美好的事物只属于其他人，从不会降临在你身上。

受害者、完美主义或者控制狂都是习惯。

我们不会将这些看成习惯，然而它们确实是习惯。毕竟，你并不是生来就带着这样的观念，不是吗？所以，你肯定是在成长过程当中养成这些习惯的。认识到这一点很棒，因

为你因此也就知道了你也可以放下它们。它们不是你固有的
本质。

可能在你人生的某个阶段，你学会了这样的习惯，因为
你当时需要——当它们还能够为你提供保护的时候。

例如，悲观主义保护你免于失望。

犹豫不决保护你免于承担做决定的责任和后果，免受做
错决定而承受的苛责。

完美保护你免受批评。

自视甚高甚至冷嘲热讽保护你免于感受被羞辱或者弱小
无力。

掌控一切，避免展现自己的脆弱，保护你免受嘲笑，免
于感受自己的不圆满。

保持时间紧迫感保护你免于感受空虚，甚至孤独。

取悦他人让你感到被需要，保护你免于恐惧、被拒绝、
感觉自己没用。

严肃让你不被取笑，或者可以让他人更好地倾听你，更
认真地对待你。

帮助他人保护你免于感受你也需要被拯救。

……

习惯运转我们的人生

这些习惯根深蒂固地扎根于我们的性格当中——它们成为我们身份的一部分，运转着我们的人生。因为它们决定了我们对于所经历的一切做出何种反应，报以何种态度。

如果我的习惯是悲观主义，我会看到生命当中的机遇吗？不可能的！

如果我的习惯是受制于时间压力，我会发现生活中平凡的喜悦吗？会放松自如、愉快地做自己吗？

所以，这些习惯同时也妨碍了我们——阻挡我们全然地体验生命，限制了我们的自由和表达，因为我们受困于自己缔造的某个角色——殉难者、搞笑专家，或者毫无自我需求的照顾者。

性格习惯也会影响我们与他人的亲密，因为这些习惯把他人推远，在我们和他人之间建起了一堵墙。例如，如果我是一个控制狂或者完美主义者，我会与他人轻松地沟通吗？不太容易吧。

所以这些习惯也是有代价的。与此同时，它们也给我们带来了保护。

某种程度上，这些习惯都是让我们不去承担生活的责任。我们无意识地运用这些习惯回避着恐惧和痛苦，回避着承担自己恐惧和痛苦的责任。这些都是无意识的保护机制。它们在保护我们的同时，也让我们孤独不已。

如何理解和应对你顽固的习惯

打破你顽固的习惯的第一步，就是承认它只是一个习惯。然后你可以去探索为什么你会有这样的习惯——它无意识中为你带来了什么？

当你理解了，你便可以另找方法———种不那么孤立的方式来保护自己（如果你仍旧认为在你现在的年纪，你还需要自我保护的话）。

从你最不复杂的习惯开始。

承认你无意识当中的某一部分仍旧执着于这个习惯，尽管有意识头脑有改变的意愿，你却仍旧想要保留它。

友善地承认无意识的这个部分，它不是你的敌人，它是你的朋友，它只是在试图保护你，认为这个习惯对你有好处。

然后充满尊重和感恩地问问它：你想以这个习惯为我做什么？
想要保护我什么？

然后耐心等待。不要聆听快速出现的答案，因为那是你
有意识的头脑，要等待内心深处浮现的答案。这个答案可能会
以文字、画面甚至感受的方式出现。保持开放，给它充足的时
间，做好准备等待它出现。这不是限时抢答的电视节目。

也许你会看到这个习惯帮助你感受到自己的力量，甚至
是权威感；或者它帮助你免于处理不舒服的议题，让你保持
安全，免于竞争；也许它保护你免受痛苦、恐惧和空虚感的
折磨。

你探索得更加深入时（注意你的感受所处的年龄阶段），
你会发现，这个习惯保护你免受无助感、不圆满、被拒绝的
恐惧感、空虚感等，这些都是孩子的感受——你曾经是的那个
孩子。

这允许你的有意识头脑清醒地看到，这个习惯在无意识
层面为你所做的一切——它给你带来的好处。

接下来，你可以看看它的不利之处——这个习惯让你付
出的代价。也许它让你与世隔绝，甚至带来收缩、紧绷的身体
感受。也许它带来了悲伤，因为你失去了朋友和潜在的爱。也
许它限制了你随性自然的表达。也许它让你不被滋养，感受不
到满足。

将利弊逐一列举出来，这样你可以清晰地看到这个习惯牵涉的一切。然后你可以做选择了，如果利大于弊，你可以保持这个习惯。你可以在有需要的时候有意识地使用它，而不是允许它在无意识的情况下无时无刻地占领你的生活。

如果弊大于利，你把它看得清清楚楚，你就无须做任何努力，这个习惯会自动消除。就像你将手伸入火中，一旦你意识到这个行为是有害的，你不需要放下它，它会自动消除——你自然不会重蹈覆辙。

然后你可以寻找其他方式，来弥补之前习惯给你带来的好处，如果你仍旧认为在生活中需要的话。这个替代的方式，将会对你更有帮助。

比如，如果你需要更多自信，你可以回忆你生命中所做到的一切，你的成就、你完成的事情，事无巨细，不分大小，把它们清晰地列出来。想象你的父母多么引你为豪，即便他们不露声色。

不要允许你的无意识头脑用贬低性评语来阻碍你，比如"这不算数""这代表不了什么""这又帮不了我"。要觉察到这是头脑，然后继续练习。

如果你需要感受更多的爱和接纳，回忆所有爱过你的人，所有被人赞赏的时刻。搜寻你生命中的角角落落，回忆正向的瞬间，那些头脑轻易就忘掉的瞬间。我们知道，头脑倾向于把注意力放在那些进展不顺利的错误之上。所以，你必须努力去改变你的注意力。

开始给予自己你所需要的，这样你就不需要时刻受控于无意识的习惯。

一开始，你可能会发现你的无意识习惯又偷偷袭来（毕竟你人生的大部分时间都受控于它们，所以它们不会立即消失），一旦你捕捉到它们又回来了，就对自己说："停下。这是过去的习惯，与我当下的现实毫无关系。"

这会打乱你的习惯模式。然后，你立即做点截然不同的事情，让头脑混淆。这会给你带来足够的空间去改变旧习惯。例如，你过去的习惯郁郁寡欢或者无精打采再次出现，你可以立即跳进浴室冲凉并放声高歌。你甚至可以想象这个旧习惯被冲洗掉了。

我发现当我洗头的时候，给自己做一个头部按摩会带来能量的转变。即便只是享受沁凉舒爽的水徐徐滑过头部，这都会给我带来帮助。

如果愤怒出现了，你可以播放最棒的音乐并疯狂起舞，或者肆意狂奔，或者就是做几次深呼吸。做一些深陷习惯中时完全不会做的事情，这会让你的头脑分心，打乱你以往的习惯流程。

但是你要小心，不要制造出一个新的习惯！如果每次悲伤了都去冲凉，头脑就会认为，哦，冲凉的时候我们必须悲伤，这样它就抓住悲伤的尾巴不愿撒手。要不断地尝试全新的事物来改变你的能量。

充满创意地去做吧！这又是一种摆脱头脑的掌控回到你的主人位置的绝妙方式。

要记得，永远不要因为你的习惯而评判你自己。评判会让你错过重点。如果带有评判，你就无法清晰地看到背后运作的机制。你的习惯是无意识的，然而无意识也有自己的原因。找到它们——与你的无意识保持沟通，直到你内外如一。

YES

A Practical Guide
to Loving Your Life

第 6 章

对父母说"是"：
接纳父母的不完美，与父母和解

我们在毫无觉知的情况下给自己施加的最大压力，来自拒绝父母。

我们大部分人都会抱怨父母，即便不是有意识的，也会有无意识的抱怨。我们希望他们变得不一样，这其实也是一种抱怨。

有时我们的抱怨是如此强烈，我们甚至切断了与父母一方的连接，更严重的是切断了与父母双方的连接。哪怕走到天涯海角，我们与父母形同陌路，可奇妙的是，只要我们再度联络，马上就会回到我们自以为早已摆脱的情绪反应当中。什么都没有改变，因为我们一直在无意识中携带着对父母的抱怨。

这样的抗争让我们无意识地与父母纠缠着，这与我们想要的结果大相径庭。然而事情往往就是这样，我们拒绝任何事物，其结果都是如此——你拒绝它，你就赋予了它影响你人生的别样的重要性和特殊的权利，完全凌驾于你之上。

你还记得那句老话吗——"你越来越像你的敌人"？不论你拒绝父母的什么，你都极有可能在自己身上发现它们。因为你让那些特性变得如此重要，你给予了它们如此多的关注和能量。

显而易见的事实就是，那些越不想成为自己父母的人，都无可避免地成为父母的翻版。他们自己可能意识不到这一点，但是亲朋好友必然有所觉察。

你比自己想象的更像父母

还有一句老话，非常的恰如其分："在你娶一个女人之前，看看她的妈妈（或者，在你嫁给一个男人之前，看看他的爸爸）。"因为这个与你共度余生的人，将来可能就是这种模样。

可怕吗？如果你父母的父母还在世的话，好好地观察一下他们，看看你的父母有多么像他们。也许不是浮于表面的明显的方面，但是你仔细地去看看，他们对生命、对他人的态度有多少相似点，他们在价值观和信仰，甚至是性格习惯和情绪反应方面有多少相似点。

你也一样。你众多的观念、价值观和评判，你认为都是你的，然而它们都是你年幼时无意识地从父母那里承接而来的，你甚至从未质疑过它们。这影响了你对人生、对他人的全部态度。

拿出一张纸、一支笔，就可以进行自我检测。首先，写下父母对你影响最为深远的主要特性、态度和习惯，包含你对他们最主要的抱怨和评判，惹怒你的一切，还有你所景仰、尊敬的一切。

写完之后，你从头到尾看一遍，逐条问问自己："我是不是……？"比如，如果你写下了"父亲是个控制狂"，那就问问自己："我是不是一个控制狂？"花点时间去感受答案，不要草草了事。

最后要做的是，不带自我评判地记录下来，你无意识中从父母身上学到了多少——你有多少地方与他们如出一辙。

然后想象自己对父母说："我有点像你。"感受当你说完之后的解脱感和真正的谦卑，说不定你还能看到这背后有趣的一面。

一旦你能够接纳无意识层面你很像自己的父母，就可以有意识地选择从他们那里承接什么、放下什么。没有抗争、没有评判，只需要对自己承认，你像你的父母。"哈哈，这是我的妈妈。""这是我的爸爸。"

如果你能做到，在那一瞬间你就可以选择做些截然不同的事情——他们绝对不会做到的事情。这并不是强烈的情绪反应，而是去挖掘有别于父母的真实的你。

　　这是离开头脑、进入体验者的方式。头脑中堆砌了从父母的生活方式中学到的观念，而你的体验者中却蕴藏着属于你的，随性自然、行云流水地应对各种情况的另一面。

拒绝父母会削弱你

我们要去检测自己对父母态度的另一个重要原因在于，我们对父母说的"不"会削弱我们。不论这个"不"来自希望他们改变，还是居高临下地看待父母。

他们是我们的根基——我们来自父母。拒绝他们，或者拒绝父母身上你所不喜欢的地方都是抗争，都会蚕食我们的能量，否定我们接纳支持、扎根于自己生活的能力。

你可曾想过，对父母的抱怨，就是对存在、对生命说"不"呢？你是通过这两个人获得生命的。如果他们如你所希望的那样，变成别的人，你也就不可能是你了。

对生命说"是"，意味着对自己的父母说"是"，认可他们是你的父母。你的一半来自妈妈，一半来自爸爸——这是单纯的生理常识。你拒绝父母任何一方，就是在拒绝自己的一半。这就是削弱你的原因。

所以，我们要怎么做？

你的父母不会完美，没有任何父母是完美的。父母怎么会完美呢？他们有自己的制约，有自己要去应对的难题。也许他们很残暴，你有绝对的权利对他们愤怒不已。

但是，如果你鼓起勇气诚实地去面对，你会发现你的任何愤怒或者拒绝背后，都藏着你的渴望，你希望他们如你所是地爱你、接纳你。这是一份你自认为从未得到过的爱与接纳，不然，你为什么要愤怒呢？

好吧，父母无法以你需要的方式去爱你，去接纳你。也许他们从未感受过爱，所以他们无从知晓要如何给予爱。但是他们仍旧是你的父母。他们给了你生命，这就是最为珍贵的礼物。即便他们能够给予你的仅限于此，这也已经足够，不是吗？

如果你允许自己从中体会到感恩，将会改变你与父母之间的关系动态。抗争会消失，你的内在也会因此得到放松。你会感受到一股全新的力量，以及扎根于大地的稳定。

只有你拥有了感恩，才可能在心理层面和能量层面真的脱离父母，以更健康、更纯粹的方式建立属于自己的家庭。

很重要的一点是，当你对父母说"是"时，你并不是对他们的性格、秉性说"是"。你并不是必须爱他们。你只是承认他们对你来说是正确的父母，因为他们给了你生命。如果不是他们，你甚至不会存在，这是一个简单的生理常识，仅此而已。

这说起来容易，做起来却并非易事。

为什么接纳父母如此难，如何行动

接纳父母之所以困难，首先源于我们非常执着于自己的抗争。我们对父母的怨恨，都夹杂着无数非常理性的合理化解释，而且已经持续数年，我们并不愿意就此放手。我们宁愿骄傲、愤怒，甚至高高在上，也不愿选择感恩。

骄傲、愤怒、固执是更容易做到的。不论对于头脑还是小我来说都是如此，它们喜欢感受到自己的特殊。然而这却是孤独的。

这让我们与他人建立关系变得困难起来，给我们连接他人带了不可估量的影响。因为如果我们无法接纳来自父母的爱和支持，我们就会向他人伸出索取的手，尤其是自己的老板或者亲密爱人。

没有任何人可以成为你的父亲或者你的母亲。对此心怀期待，就等同于给自己的老板和伴侣施加无以复加的压力。你试图向他们寻求认可，或者全然的接纳和爱，然而这是他们永远无法满足你的。所以你会继续沮丧、继续焦虑，继续做受害者。问题是，做你的父母并不是他们的职责，不是吗？

其次，感恩父母给予我们生命并不容易，因为这样做会让我们觉得渺小。然而我们其实比他们懂得多，不是吗？我们才不想放弃这个让我们感觉自己比父母重要的优越身份。

但是这让我们孤独不已……我们终其一生渴望从他人身上获得的，恰好就是我们高昂着头颅不愿从父母那里承接的。这真的有意义吗？永远像个乞丐一样摇尾乞怜？

如果你足够诚实，看到了自己就是如此，你也准备好了采取一些行动，那么你就可以试试接下来的练习，理念源自伯特·海灵格的家庭系统排列。

选择你认为与你相对疏远的父母一方，想象他（她）站在你的面前。闭上眼睛，允许你自己感受到渺小，成为你曾经是的那个孩子。这并不容易，因为我们对父母的抱怨，认为自己比他们要好的想法会不断涌出来阻碍我们。请持续对自己说："我很小，我很无助，我只是个孩子，无辜的孩子。"

如果你可以感受到自己的渺小，那就睁开眼睛大声地对父母说："亲爱的爸爸（妈妈），通过你，我获得了生命。这

是最美好的礼物。即便这是你能给我的一切，也已经足够。感
谢你给予我生命。"

如果你能够真诚地感受到这一点，就向他（她）鞠躬致
意。这不是表达敬意，也并非履行义务，跟去爱他（她）也没
有任何关系。他们也许曾经是如此的不堪，令你讨厌，向他
（她）鞠躬只是单纯地承认一个事实——他们给了你生命。这
也是一种接纳，接纳他们是你的父母。你没有权利，也没有必
要去评判他们。

如果你可以真实而诚恳地去做，而不只是把它当成练
习，你会感受到内在深层的放松——放下了你甚至毫无觉察却
持续多年的紧张。伴随着这样的解脱感，你会获得全新的力
量，以及扎根大地的踏实，因为你认可了父母的一方，就是认
可了你的一半来自对方。你接纳了一直在否认他（她）的那一
部分自己。

也许你得尝试很多次才能感受到。不要评判，就是单纯
地看到，你是多么执着于对父母的抱怨，然而只要你将抱怨看
得如此重要，你就会继续卡在与父母，甚至与自己的那些不健
康的抗争之中，毕竟你的一半来自父母一方。

如果你可以诚恳地做这个练习，试试这样说："你对我来
说是正确的爸爸（妈妈）。"同样，这也只是在认可一个事实
而已，如果不是你的父母，你就不会存在。这是当我们渴望父

母改变的时候从未想到的事实。

做练习的方式没有对错，它就是让你看到，在你的无意识中是否存在阻碍你认可父母的想法。障碍的存在必然有它合理的解释，所以不要评判自己。

你要看到，只要你还没完全放下导致你与父母抗争的来自过往的伤痛，你将无法获得全部的内在力量。你会觉得缺乏根基。如果你拒绝的父母一方与你性别相同，你就无法全然地认同自己是个男人或者女人的身份。你无法连接到生命中不可或缺的男性能量或女性能量。

你可以与父母的另一方尝试相同的练习。

切断限制我们人生的忠诚

我们要与父母和解的原因在于，我们会因为儿时对父母的忠诚而限制自己的人生。不论你对父母不屑一顾还是心怀敬意，甚至感到疏离，都会造成你生命中的缺憾。它来自我们人生早期与父母建立的强烈的精神纽带。

它呈现的方式多种多样。例如，如果父亲事业失败，你会发现自己无法充分利用眼前的机遇。如果母亲的感情生活不快乐、不满足，你会发现自己同样拥有无法令人心满意足的关系。如果父母郁郁寡欢或者脾气暴躁，你会发现自己也同样很难快乐。

这是因为你内在的孩子认为，过上更美好、更丰富、更满足或者更成功的生活，就是对父母的不忠诚，你会心生愧疚。面对失败、踌躇满志比面对内疚更容易。你要记得，这并不是你有意识去做的事情，通常都是你毫无觉知的事情。

如果你认出生命中的主旋律就是如此，那就想象你是父母，问问你自己，你是希望你的孩子仅仅出于对你的忠诚而跟你一样不快乐，还是希望他们比你活得开心呢？你的答案是什么？你当然希望他们更开心。但是我们很少会这样问自己，因为我们没有察觉到，我们无意识中有着忠于父母的盲目机制。

明白了这一点，你可以想象对父亲或者母亲这样说："如果我过上了比你更好的生活，请你对我友善一点。"觉察你内在的感受。你会发现解脱感油然而生，过往的紧张卸下了。这给你带来了全然享受人生的可能。当然，这势必也会让你的父母更加满足。

为何与父母和解如此重要

清理你头脑中与父母关系相关的故事是非常重要的，关乎你生命的方方面面：你与他人的关系，成为充满爱、充满支持的父母的能力，你的能量，你的成功，甚至你的健康。

如同"关系"那一章所描述的一样，如果你与父母还有未完成的课题，你就可以将拥有健康的爱情关系这回事抛诸脑后了，同样你成为一个好父亲（母亲）也是不太可能的了。想象你对自己的孩子这样说："我恨我的父母，但是我爱你。"你觉得孩子会有怎样的感受？你认为这真的能为信任建立基础吗？

记住，只要你还在拒绝父母，你就是在限制自己的生命能量，限制你快乐的能力、满足的能力。这样做真的值得吗？

YES

A Practical Guide
to Loving Your Life

第 *7* 章

对状况说"是"：
为自己的选择承担责任

我们浪费了多少能量希望状况改变——"如果……就好了！"如果这个人没有过世，或没有离开我就好了。如果我再有钱一点就好了。如果有份让我满意的工作就好了。如果我生活在不同的社会环境、不同的家庭就好了。

　　那么一切都会不一样了？会吗？

　　即便我们的愿望成真了，我们的头脑仍旧会比较、会抱怨。

　　即便我们真的有了更多钱、更好的工作、新的家，这个头脑仍旧会不满足于我们所拥有的，很快它又会不满足于我们所获得的。

　　对于我们所拥有的一切，我们很快就会觉得理所当然，头脑会立即就开始比较，会得寸进尺、贪得无厌。我们换了新的手机、新的汽车，六个月之后新款式上市了，我们马上又会动心对不对？

调查显示，那些赢得了巨额奖金的彩票赢家，很快又会回到自己的不快乐当中。我们连梦想成真都会习以为常。

这就是头脑的天性，永不满足。它需要某种张力，一直心怀目标就是一种保持张力的方式，一旦有了沮丧情绪，头脑就会马力全开。

所以，如果我们允许头脑统领我们，我们就永远不会满足于所拥有的一切，不管我们拥有了多少。

如果你的头脑不是在比较，就是在抱怨，试图将你的苦难和难题的责任推给别人，推给"状况"，不论环境如何改变，你的头脑都会寻找回避承担责任的方式，回避承认是你选择了你的生活。

你真的认为得到了你心驰神往的，一切就会改变了吗？你真的愿意拿你的一生做赌注吗？

受制于状况，让你成为受害者

想想看，只要我们还往外寻找导致我们的生活是现在这般的原因，指责着外界的状况，那改变从何而来？我们对外界发生的事情是无法掌控的，我们只能感到受其支配，感到不幸，然而这会让我们成为受害者。

如果你带着受害者的头脑，那么无论身处何种情况，你都会成为受害者。不管是没有得到工作、没有升职，还是没有得到我们渴望的伴侣，甚至是没有抢到飞机或者火车上心仪的座位，抱怨的头脑都会持续聚焦于"可怜的我"这个故事，而不是客观地去看真正发生在生命中的事情。

从某个角度而言，成为受害者是舒服的。因为这给了我们绝佳的借口不去承担责任、不去主动、不去冒险。"不是我的错""我无能为力"或者"根本不公平",意味着我什么都不需要做,我有无比合理的借口为自己感到难过。

受制于状况的摆布,同样也是我们生活不圆满的借口,不快乐的借口:"我怎么可能……看看我面对的状况。"

"我怎么可能享受生命?我有这么多的难题!"这是最好的求关注方式。如果我没有任何问题了我要谈论什么呢?谁会为我感到难过呢?我们的"问题"给我们带来了很多,比我们意识到的多得多。其实我们非常执着于此——它们是我们身份、性格的一部分。

这种执着是无意识的,我们自然不会有意识地选择悲惨人生。但事实上我们的生活不快乐,这意味着要么我们真的是状况的受害者,要么我们无意识地创造了我们的"问题",并且过于执着于自己的"问题"。

成为受害者的弊端在于,只要我们继续因自己的苦难而指责外部环境、苛责他人,我们就无法摆脱它。因为它超越了我们的掌控。因此,成为受害者,就无法活出全然无憾、尽情欢乐的人生。

当我们觉得受制于状况的时候,就会出现以下两种行为:要么我们会缴械投降,浑浑噩噩地生活,像梦游者一般,最小化地生活,虚度人生;要么我们会抗争,试图改变,不接纳当下的状况,然而我们的抗争不会带来任何结果。

　　不论选择哪一种方式，我们都不会过上心满意足的生活。

　　我们还有别的选择吗？当然，但是只有那些愿意走出他们心中的舒适区的人可以做到。

另一个选择——对你的反应负责任

这个选择就是将责任承担下来。不是为状况本身承担责任，这是你无法掌控的，而是承担你情绪反应的责任。正是你对于状况的反应，导致了你的苦难。

状况发生了，我们是否会触发内在的受害者反应，取决于我们如何诠释这种情况。如果我体验到了痛苦或者恐惧，或者任何负面的情绪反应，这是我的反应，源于我对于当前情况的诠释。其他人可能会有截然不同的反应，因为他们会以不同的角度来看待。

例如，火车晚点导致我错过了重要的会面。我无力回天——这是事实。我可以在脑海中翻来覆去，担心之后可能（或不可能）出现的各种问题，然而这改变不了已经发生的事

实。这只会让我更难做到随性自然——对其他旅行方式保持
警觉。

另一个选择就是承认已发生的事实。好吧，我错过了火
车。然后我将全部的注意力和能量放在冷静地做出必要的调整
与其他安排之上。这真的是一个选择，但是要做到很难。

因为让头脑不再纠缠于此，不再反复思量那些分散注意
力的事情非常难。这太吸引头脑了，它控制不了自己。你得非
常警觉、坚定，不让头脑赢得这场博弈。

你可以将觉知带入如车辙一般无限运转的大脑之中。让
自己认可当前的状况，不要将头脑卷入其中，不要允许头脑不
断地分散你的注意力，聚焦在已存在的事实上。

是的，这样做让我很烦躁，也许干扰到了我早已定好的
计划，甚至造成不必要的开销。但是，这是世界末日吗？生活
还是会继续，我只需要将全部的注意力用来做调整就好，而不
是抱怨不休。

当我认可事实之后立即就会发现我开始放松了。我可以
冷静地调整其他可行方案，甚至在这个当下，我的内在有足够
的空间让我看到令人满足的小确幸。

之前，我一直按照自己精心策划的行程表行事。现在，
计划全部泡汤了。我可以感到无助、愤怒，我也可以充满活
力、保持临在，准备好享受存在送给我的礼物——这突如其来

的停滞带给我的歇息。

　　如果我的头脑充满担忧，一心挂念着"问题"，我会错失当下这个美好的片刻，错过去发现、去体验一些东西的机会。这一切，若不是错过火车，我是绝不会留意到的。

　　这个例子表明，我对状况的感受取决于我诠释和看待状况的方式。然而如何诠释是我的选择——这是我力所能及的事情。我的反应并非状况的错，其他人面对相同状况的时候可能会出现不同的反应，因为他们会以不同的方式来看待。

不喜欢你的工作怎么办

让我们看看另一个例子。

我开始讨厌我的工作。我仍旧坚持着，因为我认为自己
离不开它——我需要钱，或者我需要更多的工作经历来丰富我
的履历，我害怕找不到别的工作，或者我的家人可能会生我的
气。我觉得自己卡在这里，愤怒不已、心存怨恨。

在这里，首先要对自己承认："我之所以生气、愤恨，是
因为我选择留在安全感当中。"

我不是在质疑自己的选择是对是错——我只是承认了事
实，我的选择可能一直都是无意识的。当有意识地认可事实
时，我的怒火平息了一些。因为我开始承担责任，努力摆脱受
害者的角色。

　　这可以让我明确地看到我讨厌这份工作的原因——怀才不遇、不被欣赏吗？沉闷、压抑或者受限吗？又或者还有其他的原因？

　　不论原因是什么，接下来就是要明白我是有选择的，这取决于我如何看待当下的状况。我可以选择对自己说，我的老板和同事都是混蛋，或者这份工作要求太多、自降身份、没有升职空间等等。在以上这些情境中我都是受害者——我无法改变环境。

　　或者，我可以鼓足勇气承认这些是我对状况的反应。这确实需要勇气，因为头脑会不断地将我拉回到责怪和抱怨之中，这样做更容易。

　　如果我承担了责任，这是我自己的反应。那么我就可以看看是什么让我沉闷、气愤、不被欣赏、压力大等等，看看我有什么可以改变的。

　　我可以问自己："其他人会有相同的反应吗？"我需要诚实地回答。同样的状况对于其他人来说是否不会构成问题呢？如果是，那我需要问问自己："为什么我会有这样的反应？"

　　我把责任全部拉回到自己身上，这会给我带来选择。这比受害者角色更有力量。

　　例如，我可以问问自己：是什么样的信念导致了我的压力？我给了自己怎样的无意识信息，让自己像没头苍蝇一样四处打转？如果我慢下来，可能发生什么最坏的事情？我需要建立怎样的信念才能让自己在同样的状况中不会倍感压力？

　　如果我觉得不被欣赏、不被尊重，我可以问问自己：我欣赏、尊重自己吗？对于我所做的一切，我要如何给予自己更多的欣赏？那些尊重自己、不在乎旁人眼光的人，面对我这样的工作时会有什么感觉？如果他们对自己满意，他们会有怎样的行为？

　　如果我感到沉闷，我可以问问自己：我自身有哪些地方让我觉得沉闷？如果我利用这份工作练习全然的临在，在每一个当下拥有更多的觉知，还会沉闷吗？我真的无法在这份工作中找到满足感吗？

　　如果我因同事苦恼，我可以问问自己：他们真的是彻头彻尾的无赖吗？他们真的没有一点正面品质可以吸引我的注意力，我只能看到他们不好的一面吗？我甚至可能会发现，其实我有些嫉妒他们。

　　即便他们真的是无赖，那跟我又有什么关系呢？我为什么会有反应呢？例如，某某很有攻击性，如果我可以接受事实而不是评判不已，那么他们的所作所为只是展现了他们自己的本性而已，我不需要觉得那是针对我的，我不需要受其影响。接受这是他们的现状，就像接受某人超重、天生红发或有某种特定的衣着品位一样，只是单纯地接受他们的现实。

他们这个样子都有他们自己的原因，也许我自己也并不完美。但是不论怎样，那都跟我没关系。如果我允许自己有这样的态度，就可以更自然、更放松。这也会让我身边的人自然、放松下来。

一旦我们准备好了为自己的反应承担责任，就会看到很多的可能性。这是个令人着迷的过程，也会让人无比解脱。而我之所以解脱是因为我觉察到了时至今日一直运转我人生的无意识观念，我拿走了它们凌驾于我之上的权利。

无意识之所以有力量源于它是隐藏的，也是因为我们与之配合。只要我们开始成为有意识的，就可以选择不去配合它们。我们可以用更有意识、更有智慧的想法去取代它们。

如果我做不到，我还有别的选择——我可以离开我的工作。这就是承担了自己的责任。我无法应对当下的状况，不愿意改变自己的态度，我可以冒险寻找别的工作。无须对此评判自己。

如果我还是无法做这个选择，或者出于某些原因我无法做到，那么还有最后的选择。我可以告诉自己一些事实——我的工作伙伴，我不喜欢他们；或者我的工作环境，让我感受到压力、沉闷或者不被欣赏（注意这其中的责任）。但是我选择继续待在这种状况里（这是最难的部分不是吗？但是如果诚实地面对，这就是现实）。

　　然后我可以继续抱怨现在的工作，继续气愤、沮丧，因为虽然我知道一切都不会改变却仍旧希望发生改变，或者明知道我不该评判同事却又希望他们改变。换句话说，我选择继续做一个痛苦的受害者。

　　或者，我接受现实就是如此，不管怎样我选择继续留在这种状况里。我做出了这个选择，如果状况继续惹怒我……这该怪谁呢？我的反应又是谁的责任呢？

　　当你接受你其实并没有理由，也没有借口去指责外在的一切时，放松就随之而来了，甚至你会哈哈大笑起来。

　　内在改变了，我能够感受到不一样了。你也可以试试看。

对头脑来说，问题比平和容易

你对状况的诠释会将状况变成"问题"，承认这一点并不容易，更容易且更舒服的方法是责怪状况。但是如果你责怪状况，你就会陷入痛苦的无限循环当中，成为受害者。

其中的困难在于我们的头脑非常认同自己制造的"问题"——它们执着于自编自导的闹剧，也包含我们所有的反应——它们并不愿意改变角度来看待状况。

从某种角度来说，头脑热爱投资"问题"。你注意到了吗？当有"问题"出现时，小我会有种特殊的重要感。当你身处问题中，你会更加强烈地感受到"我"，这是你有满足感时无法体验到的。

当你怡然自得、放松自如、享受生活或者平静安详的时候，自我重要感要远远低于痛苦不堪、紧张担忧的时候。这是因为头脑反复咀嚼复杂的闹剧或者问题的时候会更加强大，它可以担忧未来或者臆想过往。

当你很快乐或者很平和的时候，你更加处于体验者当中，头脑就会变得相对薄弱。这就是为什么头脑会无止境地寻找问题，甚至在快乐的时候也不停手。它可能会这样说："你有那么多痛苦的事情，你不配快乐。"或者："如果你现在很快乐，你早晚会付出代价。"又或者："你没有时间享受，你有更重要的事情要做。"

但是至少为此承担了责任："我自己制造了问题，因为我选择这样诠释状况。"你可以选择继续沉迷其中（没有问题，这是你的人生），或者从不同的角度看待问题。

摆脱问题，要先走出创造问题的头脑

从不同的角度看待问题，更清晰地看待状况，可以帮助你走出创造"问题"的头脑。静心给你带来帮助的技巧，因为静心允许你远离头脑并转向体验者。本章的最后详解了一个静心技巧。

如果你换个角度看待问题，远离头脑的掌控，远离头脑创造的故事情节，你就可以清晰地看到并且理解，头脑是如何从状况中衍生出问题的。

之后你可以摆脱头脑因为恐惧而制造的"问题"，只需应对实际状况本身。因为摒弃了头脑痴迷的闹剧，其实你需要面对的只有状况本身而已。

如果你可以通过别人的眼光，置身事外地看待状况本

身，你就可以看到解决方法。方法通常都隐藏在状况当中，只
要你把形势看得清清楚楚就可以获得。

第一步，也是最重要的一步，就是承担责任，承认是我
不能接纳状况，我又希望它改变，因此制造了"问题"。所以
要承认状况不会改变，这是已发生的事实。

承认事实，你可以这样说："是的，它就是这个样子。"
然后想要事情变得不一样的努力和抗争，瞬间就不见了。啊
哈！随之做一个深呼吸，然后你将能看到如何行动可以最好地
扭转局势。

寻找状况中令人满足的部分

　　这是关于工作这个例子的最后一步——寻找在这样的工作环境中令我满足的部分。我能找到什么，即便身处这个不完美的环境当中，能给我带来愉悦感的是什么——总会有的，如果用心地去观察的话。

　　但是，寻找令人满足的部分并不容易对不对？就像前面我们看到的，头脑的力量来自制造问题，当你放松、自如的时候它便失去了力量。

　　如果你真的准备好要迈出头脑的影响，那么就不要再抱怨。如果你真的愿意换个视角看待问题，那么在任何状况当中你都能够找到令人心满意足的美好。

　　这就好像谈论天气一样。我希望今天的天气改变，不应该下雨的。我因此闷闷不乐，迷失在头脑当中，盘算着因为天气不佳而落空的计划。我沮丧、生气，但是这能够改变天气吗？不能！

反之，如果我面对现实，说："下雨了，我的计划落空了。我能做点什么别的呢？有什么能够滋养我、让我满足的事情可以做呢？"也许我可以在家舒舒服服地懒散一天，也许我可以在雨中起舞，或者去处理一点一直推迟的事情。又或者我允许自己今天什么都不做。

或者，你可能会说：我不应该拥有这样生理或者心理上的障碍——我应该变得不一样。如果你这样认为的话，你会迷失在生活的不公平里，但是这改变不了你的现实，改变不了生命本身就时而不公平的事实。

与其沉迷于对并不能改变的现实的抱怨中，不如承认我的障碍阻挠了我去做某些事情。我可以看看我能做些什么，找到生活当中能够滋养我、带给我满足感的事情。

满足感来自简单的小事——陌生人的微笑，口渴时清水流入喉咙的感觉，炎炎夏日的一袭凉风，寒冷冬日的温暖床单，不求回报地为别人付出，以最舒服的姿势窝在自己最爱的椅子上，看着鲜花绽放，享受清晨第一杯咖啡的芳香、味道、口感……如果你愿意去寻找，每一个片刻都包含着令人满足的事情。

打开日记簿，记载生活中令你满足的小事情，把它们都记录下来。这会帮助你更好地去寻找它们，而不是迷失于不顺遂的事情之中。记住，你总会找到你想找的！

我非常钦佩纳尔逊·曼德拉。他过着地狱一般的日子——在狱中被隔离禁锢，饱受摧残和苦力的折磨，出狱遥遥无期。然而近三十年后他意外获释。照片和影片中的他，无处不散发着安详、庄严、得体和优雅。

我不认为他入狱之前就是这样，他曾是个愤怒的反叛者。所以即便是地狱一般的条件，他仍旧找到了那份滋养，奇迹般地转化了他的人生。

你敢说你的状况比他更糟糕吗？

所以，在你的生命中找到一些满足感，也并非不可能。

静心技巧——换个视角看待"问题"

尝试一下这个实验。

坐在椅子上，允许自己全身心地沉浸于你"最爱"的问题中——你知道头脑热爱咀嚼它们。松开头脑的缰绳，让它肆意担忧所有可能出现的后果，反复回味所有的恐惧——在脑中播放整场闹剧。

一段时间以后，记录当你被卷入问题中时的感受。感受你身体上的感觉——你的姿势、你的呼吸。你的脸上感觉如何？什么表情呢？同时检查你的能量状况，你觉得你是扩张的还是收缩的？

站起来，有意识地离开那张椅子，想象你现在离开了你的问题。缓缓地围绕椅子走一走，从不同的角度看看你的问题。

不要分析，继续移动，继续去看，在房间中找一个远离问题的空间，就像看别人的问题一样。找一个你不再认同这个问题的空间，不再评判它的空间。

你找到这个空间后，即便是房间最远的角落，开始仔细、深入地看看这个"问题"。它是真实的，还是你制造出来的？同样的状况对于其他人来说会是问题吗？

你要用心地看看状况本身的实际情况，不去问原因，不卷入头脑因状况而制造的各种闹剧之中。

一旦你感觉评判在头脑中升起，比如"我不喜欢这个问题，我不想要它，事实上应该变得不一样才对"，就立即回去坐下。看看能否感受到你对它的执着，头脑多么不愿意放手。毕竟，如果没有了问题，你是谁呢？头脑要思考些什么呢？

反复体会坐在问题里，从认同问题到跳出问题，远远地看着它。当你不再评判、不再认同的时候，你就可以带入清晰的觉知，觉察这是怎样的感受。身体、能量上是否有不一样的感觉？你的脸上是否有不一样的感觉？你觉得自己更加扩张还是更加收缩呢？

如果你喜欢，甚至可以闭上眼睛想象自己飘浮在半空中，在那儿向下俯瞰着你的问题，像老鹰一样远距离俯视。试着从遥远的距离去看，它是什么样的。你甚至可以清晰地看到要如何帮助底下的那个人从状况当中解脱出来。解决方案永远存在，就在状况当中，如果你不带评判和偏见，清晰地去看的话。

你能够觉察到吗，其实"问题"就是一种状况而已？状况是一种需要处理的情况。但是"问题"只存在于头脑当中，它是头脑对状况的诠释而已，不是吗？它是头脑根据状况本身编写的故事，像乌云一样环绕着你。

"问题"只是头脑对于未来或者过去的恐惧、焦虑、担忧而已。在当下，只有客观状况。如果你能够清晰地去看，不迷失在头脑的闹剧中，那么你也可以看到解决方案。

现在，接下来的几个小时，想象"噗"的一下，你的问题全部消失不见了。它们不过是头脑的黄粱一梦（更准确地说，是场噩梦），你已经醒过来了，发现它们都不是真的。那就试试活在现实当中，去感受一切。

当然，如果你愿意，欢迎再次回去咀嚼你的"问题"。

YES

A Practical Guide
to Loving Your Life

第 8 章

对改变和不安全感说"是"

我们的头脑渴望安全感。我们都想要舒服的人生——让我们感觉舒服的伴侣、舒服的家庭、舒服的房子、舒服的工作、舒服的朋友、舒服的休闲娱乐。如果我们得到了任何一个，就会想要保持住，我们不想要自己的舒服有任何改变。

听起来乏味吗？但是如果你诚实地看看，你会发现这就是我们的生活方式。我们想要安全感，安全感意味着可预知——越是安全，越是可以预知，也就会越乏味。

我们的头脑需要安全感，不喜欢改变。它试图让我们留在自己的"舒适区"当中，所有的一切都是熟悉的或者可预测的。也许舒适区痛苦又乏善可陈，但是至少对于头脑来说，这要强过面对未知。

因此，安全感其实也是我们的"监狱"，因为它限制了我们。我们害怕离开禁锢我们的舒适区去冒险。与此同时，我们的一部分又渴望着自由，渴望着离开牢笼。所以我们坐立不安，总是觉得生命有所缺失。

尽管我们的自我保护带来了安全感的假象，它们也如同城墙壁垒，将我们禁锢其中。一旦我们建起了城墙，即便可以永远保持舒适，我们也被封闭在了其中。我们沮丧不已，甚至孤立无助。这也是你会读这本书的原因吧。

所以，我们要理解为什么改变对头脑来说代表了恐惧和不安全感。

改变让人想到未知，所有"新的"对头脑来说都是未知的。对于未知，头脑总是会预期最糟糕的情景。当你有意识地使用头脑这个能力去预测风险的时候，这是极其有价值的特征。但是它无意识地自动运转的时候，就会带来无止境的恐惧思想。这些恐惧的思想会一直在你的头脑当中重复回放着，不论你清醒还是进入梦乡。它们像乌云蔽日一般，在太阳出来之前你甚至不知道乌云一直遮盖着天空。

但是，不安全感本身并不是问题，是对于安全感的执念带来了对于改变的恐惧。如果我们不需要安全感，改变会困扰我们吗？

生命是不安全的，只有死亡安全

试着去看看，生命中本来就没有任何绝对安全的事情。你随时可能失去一切——一场海啸、台风、火灾、事故、出轨的伴侣、官司、破产或者股市崩盘，一眨眼就会发生。

生命中只有一件事情是绝对安全的。生命中只有一件事情一定会发生在你身上——那就是死亡。纳税是另一件必定会发生的，但是人们却设法用偷税漏税的方法来逃避它。换言之，没有什么是永恒的！

世事无常，所以我们需要社会合约、商业合约（比如婚姻）、保险、证书、名誉或者成就来保护自己。但是这所有的一切都可以被摧毁，而且它们没有任何一样可以带走死亡的威胁，也没有任何一样可以带入坟墓，在那里没有保障这回事。

你可以欺骗自己，认为自己亲手打造的、所获得的、所拥有的一切可以保障你美好的一生——但是内心深处，你知道世事无常。

这就是为什么我们如此执着于物质、执着于人，然而换来的却是如此强烈的恐惧和害怕失去。事实上，你拥有的越多，就会越恐惧，因为你能够失去的也就越多。

生命是不安全的。这是它的本质，它是不断改变着的，它是不确定的。这就是为什么它是"活"着的。

如果我们能够接纳生命是不安全的，是不断改变的，那么唯一能够感受到生命力和能量满满的方式就是鼓起勇气活在不安全感当中，对改变说"是"，甚至对混沌说"是"。臣服于生命带给我们的一切，拥抱生命的流动。

当改变发生，可能这不是你想要的，不是你所期待的。但是，改变发生了，环境变化了，不论你怎么做都无法改变既定事实。你可以拓展自己的能量去面对全新的情况，甚至享受混沌，相信全新的滋养会破土而出。或者你可以抱怨，收缩你的能量为自己打造一个新的、更狭窄的舒适区。

但是要记得，不论怎么做，总有一天你会离开人世。不期而遇的某一天，也许比你预期的还要早。生命何其短暂，躲在自己狭窄的小世界里真的值得吗？小心翼翼地躲在令自己乏味的舒适区，这是你该有的人生吗？

如果你学着融入改变的流动，如果你准备好了面对全新的一切，甚至"重塑"你自己，也许一开始会有些许的不舒服，但是你必定能够拥有时刻警醒、时刻鲜活的生命力。谁知道你会遇到怎样的全新发现呢？

如果你想把头埋起来期待所有的一切恢复"正常"，那就是生命力的相反方向——你会感到能量的收缩，而越发坐立不安。

如何应对改变和不安全的状况

当你对变化的状况有强烈的反应时，首先需要理解，这是头脑被吓坏了，因为它的舒适区被撼动了。然后问问自己："小我的哪个部分害怕了？""最坏可能会发生什么？"

坐下来，把清单都写出来——所有的利弊。写下头脑里的一切，不论是否符合逻辑，然后研究一下你的清单。

是的，这种状况很可怕，也许还有些刺激。有人曾经告诉我，汉字的"变"代表着危险和机遇。所以在认清危险的同时，你是否也能够看到机遇呢？

要记得，执着于舒适区亦即选择了死亡：没有变化，没有移动，就是死亡的象征。想要感受到生命力，就要抓住存在带给你的机遇，也许不如你所想，也许不同寻常，但是谁知道它会带来什么呢？

你准备好了吗？如果没有，也要不带评判地承认，你更喜欢一只脚踏入坟墓的生活。试试看，有意识地这样活几天！

要记得，如果你对所有出现的改变说"是"，你就没有什么害怕失去的了，因为你不再执迷于"应该何如"。说"是"就已经开放了各种选择，当然也打开了你的视野。

如果你选择活在安全地带，附带着所有的先决条件，那么你总会有一部分害怕失去这所谓的安全感。你的制约是你亲手缔造的，存在没有义务配合你的思维方式，去符合你的需求。存在瞬息万变，自有定数。那么，你会永远活在某种紧张和不安当中。

要记住一件事，就如同恐惧和安全感如影随形一般，自由和责任也是并驾齐驱的。如果你选择跳出舒适区进入全新的领域，拥抱自由的同时你需要全然地承担责任。保持警觉——你也就无法再重回过去的无意识习惯里了。

头脑只经历了过去，它根据自己的经验投射未来。它对于全新的、未知的事物毫无概念。如果你跳入新的领域，那么你就得保持警醒，时刻准备好创造全新的反应以面对全新的情况。你得时刻准备好去体验、去调整。

静心可以带来很大的帮助，它可以让你体验到你并不仅仅是自己的头脑——你远远大于头脑。静心技巧帮助你连接到直觉、体验者，它们了解如何面对全新的情况。

通过静心，你也可以体验到你与存在从未分离。你是存在的一部分，你是那浩瀚、流动、时刻改变的能量的独特表达。如此的体验，带来的就是巨大的信任。相信你的存在，你无法失去任何属于你的本质。

苏菲有一句很美的谚语——如何把潮湿从水中带走？就如同无法将潮湿带离水一样，你也无法失去那些塑造你自身存在的核心品质。你唯一失去的只会是你搜集来的、虚妄的一切，那些本就会在你死去之时离开的一切。

直至你亲身体验到之前，这些无非就是毫无意义的语言而已。所以，迈出你的舒适区去体验，去冒险，你会感受到你多么有生命力。

古老印度静心技巧——化解自身界限，延伸入未知

　　首先列出所有让你感到安全的方式——所有你为自己打造的身份：家庭中、工作中、运动或休闲中的，你生活中所有的身份。觉察你自我保护的方式，你投射到他人身上的形象，你的行为习惯，为了不被批评、羞辱、指责、伤害或者让别人失望而为自己创造的角色定位。看看你积累的物质财富，以及那些与你紧紧捆绑在一起的人。

　　你完成清单后，坐下来，想象一个接一个的，所有的一切都离开了——融化了、消融了。所有你在周围筑起的墙壁和界限，你的形象、角色、保护面具、枷锁，都消失不见了。

　　你要给自己时间慢慢去做。这是来自印度的古老的静心技巧。

当所有一切都离开了，试着去感受随之出现的生命力。想象你站在空无一物、浩瀚无垠的天空之下，沐浴在风雨中，你是广阔存在的一部分。从心开始，向外无限地扩张、延伸，无穷无尽。你向外延伸，直达宇宙。

生命是不安全的。如果你允许自己体验这种不安全，只有这时，你才能感受到生命力。你会获得极限运动员体验到的感受，却无须经历那重重艰难。因为活在不安全之中就如同身处边缘——未知的边缘。

你永远无法知道下一刻会发生什么，这是我们试图用自我保护的安全感而回避的现实。记住，生命短暂，去活出自己，你有什么好失去的呢？

西藏静心技巧——即使没有你，生命的巨轮依旧滚滚向前

在这个技巧中，你坐下并想象你开始消失，像鬼魂一般隐形了。

你可以想象再次造访你所居住的家、你工作的环境，看着生命的长河在没有你的日子里继续流淌着。你不见了——你看得到别人，却没有人能看到你。花点时间，在想象中看到这一切的发生。

不需要多久你就会看到，没有了你的生命巨轮，依旧滚滚向前。事实上，所有人都忙于自己的人生，甚至不会有人怀念你。你所做的一切都会消失，如同在沙滩上写下了你的名字，海浪袭来，一切成空。

　　当你意识到你并不被需要时，平和就出现了。你不需要成为某一种人，去履行某种责任和义务。生命会继续下去，有你没你都一样。

　　当你理解这一点后，你会意识到与其无休止地去"做"，不如去成为真实的你，去发觉超越头脑的内在，你那些隐藏的生命维度。

YES

A Practical Guide
to Loving Your Life

第 *9* 章

对生命说"是"

对生命说"是"，无论它带给你什么，包括心理、生理残疾，疾病，甚至死亡。

意外会发生，我们可能因此致残。我们也许生来就具有缺陷。我们也许正在面对死亡，或者痛失所爱。这似乎是不公平的，然而这却是现实，无时无刻不在发生着，每时、每刻，某人、某处。

在这样的情况下，我们经常浪费大量的时间和能量去抱怨生命的不公。这能够带来改变吗？不能！所以，让我们来看看这蚕食我们能量的一切吧。

现在你已经了解头脑是如何运作的了，你知道所有的评估、评判、恐惧都来自头脑。它们不过是头脑中的想法而已。

头脑决定事物的好坏、取舍。但是，事情本身其实并没有所谓的好坏之分。

人类学家发现了很多的例子，某些文化背景之下的禁忌在其他文化中反而是可以被接纳的。例如：同性恋、肥胖、名誉谋杀（honor killing：在阿拉伯国家，女人玷污了家庭的名誉，家人可以将其谋杀，处以枪决或石刑）、唇盘（唇盘族——居住在埃塞俄比亚西南部的奥莫河流域的穆尔西人，是世界上最原始的民族之一，约有5000人）、割礼、吃生鱼片、食人、迷信数字等数不胜数的例子。

所以，对错无非头脑的概念而已。它们是由那些致力推动社会秩序、令社会配合其自我步调前进的人所创造出来的。他们是握有极权的超级警察。这就是为什么不同的社会对于好与坏有着不同的观念和规则。

存在之中，没有对、没有错、没有公平

　　存在中，没有对错，也就是没有警察、没有清规、没有戒律、没有价值观和标准。存在中，仅有的就是觉知和非觉知。这意味着，你真的拥有了觉知时，你便无法伤害自己，无法伤害任何人。这是不可能发生的事情。只有身处无意识当中，你才有可能做出伤害行为。

　　公平与否也是同理。大自然公平吗？完全不！那些被狮子撕成碎片的优美的羚羊，怎么说？被洪水侵袭的村庄，被卷走的淳朴勤劳的村民，又该怎么说？

　　公平和不公平、正义和不正义，也属于意识概念，基于道德标准，而创立这些标准的人却往往并没有真的遵守。这些准则成为操控人们的工具，使各种丑陋的行为合理化——滥用

枪支、复仇、种族屠杀等赤裸裸的丑陋行径。我们浪费了过多的能量在这些观念之上。如此强烈的紧绷、压力和抗争，如此多的复仇、怨恨和绝望——仅仅就是因为几个词语而已。

如果我们忘掉公平和正义，只是享受生活中每个满足的片刻，会怎样呢？首先，你可能就不会进入战争了吧。想想会让你的生活变得更自如的其他方面……

不论任何事情，比如意外带来的伤残或死亡，抱怨世界的不公是无法改变现实的。这是你无法改变的现实！一味抱怨只会让生活更为苦难。

承认事实，不带评判和抱怨地去正视，这也许仍旧无法改变现实，却是平和的开端。平静的头脑才能捕捉到在任何逆境、任何当下蕴藏的满足感，它一直等待着你！

让悲伤自然流淌，感恩会随之而来，允许整合的完成和完结

并不是说悲伤和哀悼没有空间——它们都是自然的，我们当然需要承认和允许它们。

如果对悲伤说"是"，全然地允许它，一段时间之后能量就会改变。这是你可以清晰地体验到的——很自然地，你会在悲伤之后感受到感恩出现。对这个人的感恩，对你们相处过的美好时光感恩，为你生命中所拥有的一切、所体验到的一切心怀感恩。

如果你面对死亡，如其所是地接纳和感恩，会完结所有你与他人的未完成事件。说出你从未说出口的话，表达你从未表达过的感受，分享你的感激和尊重，带着平和与爱离开这个

世界，而非仇恨、敌意、苦涩与遗憾。

如果你抱怨，或者否认现实，甚至与其抗争，你无法感受到感恩，也无法体会到感恩带来的尊严。

具有讽刺意味的事情就是，如果深受苦难的人能够带着尊严接纳自己的现状，那么这会让身边爱他的人更加艰难。因为当你置身事外地看着你爱的人受苦时，你会感受到无助和沮丧，甚至内疚不已，你毫发无伤，然而那个人却受尽苦难的折磨。

感受愤怒比感受无助要容易得多。但是这能帮助到受尽苦难折磨的人吗？他们不仅得扛下自己的负担，还觉得需要为你遭受的折磨承担责任。你的悲伤和愤怒就是他们肩上的另一块巨石，你是否这样想过呢？

想象你们交换身份，你是那个受苦的人。你知道你爱的人有选择——他们可以享受自己的人生，或者因为你的苦难深受折磨。你希望他们如何选择呢？他们怎样才会让你更加被滋养？是悲伤拉长的脸，还是喜悦、充满爱的容颜？

假如受苦的人是你的朋友或者挚爱，你的小我会觉得享受自己的生命是不被允许的，你会深感内疚。但是试着去驱散头脑的迷雾，摒除头脑的观念，看清楚自己所保持的——认为比身边的人快乐就是自私的行为。当你开始去思考时，你会发现这是很奇怪的想法，不是吗？其他人受苦的时候我们为什么不能快乐，我们为什么不可以去寻找喜悦？这个想法是哪里来的？谁教给我们的？

你可以抱怨，也可以享受

这又是一个转移焦点的问题。如果我们沉迷于抱怨生活的不公平，我们就错过了重点：事情本身就是这样。郁郁寡欢只会让自己和身边人被我们的呻吟侵扰，感觉糟透了！也会让我们错过身边的快乐与美好。

太阳每天升起，鸟儿在歌唱，花儿散发着迷人的香气，孩子们欢声笑语，满天星辰夜夜高挂，狗儿开心地摇着尾巴。你知道这份快乐的清单中少了什么吗？人！

如果你脑袋里时刻充满着对糟糕境况的抱怨，谁会对你微笑呢？谁想留在你的身边呢？你认为你给身边遭受苦难的人增加了生命的价值吗？

也许，就像做实验一样，你可以寻找让你快乐、让你会心一笑的事情。理出一份清单，用一周的时间，记录下来这么做给你带来的感受。也许你可以分享给身边痛苦的人。

对生命说"是"，意味着寻找那些对的事情——让你满足、给你带来滋养的事情。这需要你对自己的态度负责，需要你主动做出选择。这会给你带来享受喜悦的可能。这是你每一天在选择快乐。

对生命说"不"，就是抱怨、指责，希望事情改变。这就是聚焦在错误的事情之上，聚焦在问题和艰辛之上。这是把责任推了出去。指责和抱怨对你来说容易多了，但你永远都会是一个受害者。你无法离开这个角色，当然也无法去全身心地活出喜悦的流动。

选择权在你的手上，没有人强迫你。但是要记得，选择没有对错——这是你的人生，你有权过你想要的人生。

质疑你的价值观

列出你对父母的强烈评判——他们喜欢的、不喜欢的，他们认可的、不认可的；他们的价值观和标准；他们对人、事、物应该怎样的观念，世界应该如何的想法；他们对于人生的态度——例如，他们认为这个世界很友善还是很危险，是困苦之地还是享乐之旅。

然后，坐下来看看你无意识中学会了多少他们的偏见。有多少你认为是"你的"价值观和体验，其实却是从父母身上习得的。

在我们非常年幼、没有机会独立思考之前，我们的头脑就为各种事情应该怎样的想法所充满。所以对于人生当中大部分的事情，我们的头脑都有自己的想法——我们早已"知道"

事情是怎样的、应该怎样。我们并没有多少空间去真实地体验——我的观点、我的真相是怎样的?

一旦你发现自己陷入先入为主的偏见之中,不妨停下来问问自己:"这是我的体验吗?还是我学来的?"

在"不"与"是"之间移动

这是一个练习，可以帮助你将焦点从负面转移到正面——从哪里出了错转移到哪里进行得顺利、正确。

选择家里两个临近的房间。

一个房间代表你对生命说"不"的空间。例如，当你抱怨某事、某人，或陷入耗尽能量的习惯、情绪压力中，或躲在个人面具、自我保护的墙壁背后的时候，就像当你挤在一个满是人的电梯里时的感受。

有意识地在这个房间里走动，全然地进入这个空间。夸张你的感受，有意识地体味你的感受。觉察你的情绪和身体层面发生了什么（检查你的身体姿势、紧张感、呼吸和能量）。觉察你对他人的感受是怎样的——你对他人的防卫态度。

另一个房间代表你对生命说"是"的空间，一个你向上看而不是向下看的空间，一个你能感受到内在的微笑，不在乎他人如何看待你，对你有什么想法，你可以正视他人的眼睛，因为你将他们视为潜在的朋友而非潜在的敌人的空间。在这个空间，你可以欢欣起舞、自如地拥抱、大口地呼吸。你觉得一切都是好的，你没有问题，世界也没有问题。这是你的想象，只是暂时的体验，但想象力的威力不容小觑！

然后非常有意识地从"不"的房间进入"是"的房间。让你的体验者来做这件事，而不是你的头脑来做这件事。注意头脑中讽刺挖苦的评论"这不可能带来任何改变"，将注意力从头脑转移到你的体验者。将呼吸带入腹部，记录你身体发生的变化。缓慢地移动，感受正在发生的一切。也许你可以在"是"的房间里播放欢快的华尔兹音乐。给自己一点时间，在两个房间之间来回移动，创造属于你的体验。

如果你感受到区别，不论是呼吸、身体感受、能量或者任何改变，要记得这是你创造的变化——不是他人带来的。如果你并没有感受到任何区别，那么你也许需要承认你现在非常执着于自己的"不"。

看看你是否能把刚刚学到的一切落实到生活当中。

要记得，"是"是仰望天空，不是俯视地面。

"是"就像毫无缘由地向陌生人微笑、问好一样，只因为这会让你感觉很好。"是"就像每天早上醒来，都满心期待假期一样期待新的一天。

生命何其短暂，为什么要浪费在无谓的"问题"上，为什么要虚度在对自己要求太过完美上？太认真了，不是吗？

"是"既不是顺从，也不是否认

"是"并非耸耸肩，顺从于"我就是这样，什么也做不了，我永远不会改变"。

关注正向而非错误也并非否认——你只是接纳了事情本身的样子，而不是浪费自己的能量和喜悦与之抗争。与其对抗，你不如选择运用自己的能量去寻找生命当中的满足感。

接纳是对你选择的生活方式承担责任，是放下要求自己一定要成为某种特定样子的压力，是停止与那些你改变不了的事实抗争。

接纳意味着不再为"应该"和"必须"所影响，不再为脑袋里抱怨和指责的声音所影响。接纳就是看到你是有选择的，如何过自己的人生是你的责任，不是他人的责任。

接纳并不是说我们不再改变，它反而允许自然成长的发生，不是揠苗助长、强迫成长。

你是否曾停下来，惊叹存在中的每一样事物，都是由种子的形态衍生的呢？每一粒种子都蕴含了成长为本应成为的一切元素。整个程序都储存其中，让一头大象成为大象、一棵松树成为松树、一棵青草成为青草，这难道不是很神奇吗？

无须去做任何事，无须达成任何事，无须做任何努力，就是成为它们本应成为的。它们不需要从外在获取任何额外的东西，除了一些物质上的营养。它们扎根于自己"本真存在"之上，成为它们本就是的样子，是存在中独一无二的表达。

还有更伟大的奇迹，存在中的万事万物都是独一无二的。没有完全相同的两棵青草、两片叶子，更别说其他的一切了。难道这不令人惊叹吗？

我们也是一样。我们也是从一粒种子开始，其中蕴藏着一切，让我们成为本应成为的样子。我们已经拥有一切，让我们成为本应成为的独一无二的样子。我们不需要为了被接纳而额外付出任何努力，试图成为特别的那一个，或者改变自己。我们已经是被接纳的了，不然我们也不会在这里。

成为独一无二的存在，你已万物俱足

正如自然界的万事万物一般，我们也是完全独一无二的——没有任何一个人跟我们完全一样。所以与他人比较，不但毫无意义，而且痛苦不已。

试图成为其他人也是毫无用处的，我们只能做自己。如果你真的了解了这一点，巨大的放松感就出现了。我们不再与深埋于头脑当中"我们应该怎样"的想法抗争，也不再徒劳地努力试图符合所谓快乐的标准。

这样的放松和觉醒就打开了我们自然存在、自然成长的可能，让我们成为独一无二的自己。这也许不符合他人的想法，但这是谁的人生呢？

他人的想法和期待就如同压在我们的种子上的石头。带着觉知和理解，会让你看到这些只是石头，是他人有意识或者无意识压在我们身上的，与我们本真的存在毫无关系。这样的认识自然会清理一切。因为一切仅存在于我们无意识的头脑当中——它们并非真实存在的现实，它们只是我们从他人身上学来的观念。放下这些观念就会给你的存在带来所需要的空间，全然发挥自己的潜能。

目前，这些只是片面之词。练习本书中建议的，包括静心，会给你机会体验这其中的真实性，试试去探索属于你的真伪。

静心技巧允许你迈出头脑的舒适区，迈出头脑的期待和想法，体验你比这一切要浩瀚宏大得多，你比你想象中的要大得多。

试试看，去创造属于你自己的体验。静心技巧有成百上千种，你可以去体验，并找到适合你的方法。至少你发展了你的体验者，它将你带回到平衡，也给你带来了更多的平和、放松。我敢说，这也会给你带来喜悦。

要记得，自然赋予了我们头脑和体验者两者，意味着我们同样需要两者。对自己说"是"，意味着对你的效率和恩典说"是"；对你所积累的知识说"是"，也对你的直觉和感官说"是"；对你内在的逻辑说"是"，也对你内在的神秘和诗意说"是"。

对你的头脑和体验者两者皆说"是"。

后记

　　回顾我的一生，何其幸运——对于存在给予我的一切，即便我并不知道我在做什么，我也都做到了说"是"。

　　开始的时候并不容易——我的父亲在我求学期间自杀了，在一系列的事业失败之后，我们发现我们破产了。我们失去了大而舒适的中产阶级房屋，我和妈妈搬到了出租屋生活，进入了完全不同的社区。因为我获得了奖学金，我仍旧在同一所私立学校就读。但是我失去了我的小马和几乎所有的财产，我与所有的朋友断绝了往来，因为我感到惭愧！

　　后来，我达到了一个高峰。我从数千名女孩中被挑选出来，在一部专业剧作中与当时有名的演员一起演出。我沉浸在美妙的时光、美好的憧憬和一定程度的名望之中。现在这一切都已烟消云散，包括我所挣得的财富，那是我父亲为我投资得来的。

我经历了几年的黑暗时期，驱散羞愧带来的阴影花了我很长时间。但是，正是这些早年间的创伤最终带我走上了理解自我的道路，发现了我在本书中所分享的所有工具。

我获得了奖学金，进入大学并毕业于法律系。我之前的私立学校不仅小还是隔离的（只有女生），基本上它就是为了把女孩子训练成为很好的家庭主妇、护士或者老师而设立的学校。每当离开校区，我们都得戴上手套、帽子，穿上夹克。我们也必须保证穿着正确颜色的裤子——夏季是浅褐色的制服，冬季是灰色的制服，运动装是浅蓝色的。我是该校第一个成为律师的学生。

上大学是一场启迪之旅——那里有男生。看我那时的照片，能看出我是有魅力的，确实我也有许多约会。但是我很没有安全感，仍旧活在羞耻和无价值感的阴影当中。我发觉自己无法相信他人会爱我，每一次我都感到会被拒绝。

在墨尔本大学，我发现了玛莎·葛兰姆舞蹈，这是我多年来第一次感到自己从内在的不安全感中解脱出来，舞蹈给了我第一次超越头脑的体验。我的老师是玛莎学院的一员，他给了我一封去伦敦当代舞蹈剧院公司的引荐信。当我通过执业律师考试，并成为一名最高法院承认的执业律师和法律顾问后，我便启程前往伦敦学习舞蹈。

我感到滑稽，我是唯一一个二十多岁的学生，为那些自小接受古典芭蕾舞训练的柔软且年轻的身体所围绕。幸运的是，当我被带入另外一个世界时，我获得了更多的灵性时刻，这是芭蕾舞带来的。

我在剧院邂逅了我的丈夫。我已厌倦拒绝男生的追求，因为我无法理解他们为何爱我，或者我总是感到自己被他们拒绝。约翰让我发笑，他就像蒙提·派森活现在我的眼前。我刚好获得奖学金让我能去克拉科夫的波兰哑剧院接受托马斯克的训练。我喜欢托马斯克，但是如果要跟他发展，我就得熟习波兰语。查阅了一次波兰词典，我就决定选择约翰。

约翰是个艰苦的艺术家，于是我离开了舞蹈界，开始在一家报刊社从事广告销售的工作。我发现我很擅长这方面：最后我成为哈玛克出版旗下的商业杂志的助理出版人，负责《今日管理》《市场交易》《会计师时代》等。我也是招聘部门的总经理。正是那个时候，妇女平等机会议案被议会通过，我被广播电台和报纸誉为商业界成功女性。

我赚了很多钱，却不敢告诉自己的丈夫，他仍旧是一个艰苦挣扎的艺术家。我觉察到，越成功，内在的不安全感就越强烈。我不断地担忧他人会发现我没有看起来那么好。挣的钱越来越多，我内在的压力也随之增长。我甚至无法与丈夫谈论这些事，我们渐行渐远。最终我发现每天早上我都会问自己：
"起床的意义在哪里？"

就在这时，有人向我推荐了动态静心。这改变了我的人
生。我离开了我的丈夫和工作，在乡间租了一间小屋。我开始
编织，一件件充满奇幻色彩的作品从我的手中滚滚而出。我用
塑料袋把它们带到伦敦，在南慕藤街的拉波提和布朗接到了订
单。我回到诺福为我的编织品刊登了广告。整日与我为伴的就
是一群独居的妇女、一条金鱼和一只猫。我的其中一双袜子出
现在了《时尚杂志》作为饰品展示——这是我作为编织设计师
的人生亮点。

我决定去印度旅行，我结束了编织事业乘火车前往伊
斯坦布尔，然后是乘坐一连串的公交车穿越伊朗、阿富汗和
印度。

原本只打算在印度待两周的我，最终在这里度过了三十
年的时光。我在普纳发现了自己，疗愈了所有过往的创伤，甚
至那些我自己都毫不知晓的伤害。一开始我很沮丧——我有如
此多的自我防卫，如此强大的形象可以躲在后面，再加上我是
如此的骄傲又固执，这些让我相当挣扎！我觉得我永远无法从
无意识的泥沼中拔出腿来。然而在那里，没有借口，没有指责
他人和外物的机会。无法逃避的事实就是，所有的一切都会回
到小我上来。

　　没有必要的挣扎持续了很久，但那个时候我还不具备现在的理解——一路以来我学习到的，是由于我慢慢地听取了老师的教诲。这就是为什么我要去分享我所学到的，因为我知道这一切其实无须这么艰难。

　　如果你有智慧，又有真诚、强烈地想要转变的渴望，这就足够了。一开始我并不知道自己具备这一切——我只是在寻找创可贴让自己稍感舒适而已。我得真的跌落谷底（有自杀倾向），才能准备好面对我所以为的自己其实并非真正的我。在找到真理之前，我得看到所有外物都毫无章法。